U0167849

NEW HOUSES IN ASIA

INSPIRED ARCHITECTURE AND INTERIORS
FOR THE MODERN WORLD

NEW HOUSES IN ASIA

亚洲新住宅

[新加坡] 特伦斯 · 谭（Terence Tan）编

潘潇潇 译

广西师范大学出版社

· 桂林 ·

images Publishing

目录

亚洲新住宅:
打造时尚的创新建筑和室内设计

亚洲建筑的故事需要通过时间和空间来讲述。我对亚洲建筑历史的理解可以大致概括为王朝时期、深受西方影响的第二次世界大战时期和当代摩天大楼时期。

简单地将所有亚洲建筑划分为“东亚建筑”和“东南亚建筑”显然是非常不准确的。虽然这两个地区在政治、宗教、语言和社会文化方面有着鲜明的特色，但其他亚洲地区也有属于自己的精彩故事。

第二次世界大战后，建筑材料被大规模生产，我目睹了极简主义趋势的发展。这种趋势下的空间无明显特色，也并不实用，令人感到失望。一方面，有人可能会说，这一时期亚洲建筑的发展经历了一个混乱的阶段；另一方面，人们可以把“亚洲包豪斯”这一过渡时期看作是不可避免的发展阶段，并认为第二次世界大战为重新发现美学留下了一页空白。这种混乱随后因快速的城市化进程而进一步加剧。政府和开发商席卷了低层有机建筑，并将其替换为高大华丽的住宅、办公室和商场。在建筑行业迅猛发展的过程中，我们往往会忽视对场所原有地方特色的研究，从而导致这些地方特色不复存在。在城市景观中，空间分层将街景体验简化至车道和人行道。在住宅开发方面，民宅往往被局限于小型公寓，乌托邦式的住宅梦想被简化为最小的庇护所，以此换取最大的利润。

此外，随着科技的进步，我们的生活方式不断发生变化，深受中产阶级价值观影响的建筑师的数量在不断增加，导致设计与文化和传统的关联性逐渐减弱，这些给亚洲建筑的发展带来了一定的影响。这些因素提升了明星建筑师的影响力，越来越多的人喜欢用“给人以深刻印象”的视觉效果来呈现建筑。

幸运的是，通过亚洲地区建筑师们的共同努力，我们看到了可喜的进展，即重新审视亚洲设计之本质和核心意义。各种各样的建筑设计作品、对当地艺术的研究、圆桌讨论都有助于对亚洲建筑进行重新定义，使之焕然一新。

其中，日本建筑师在保持空间精髓完整性的同时，成功地采用并整合了先进的技术。虽然同样的社会思潮无法被成功地复制到每个亚洲国家，但这样的探索提高了其他亚洲国家对地标建筑以及街区内的小规模建筑进行保护和修复的重视程度。

没有对文化的了解，就无法真正地理解建筑。东南亚文化是融合来自不同地域影响的大熔炉，设计有时可能参考了某处遗产，或是受到多处遗产的交叉影响。设计上的任何相似之处都可以追溯到建筑对环境的响应方式。例如，热带雨林全年湿热，并伴有季风性降雨，在对这里的建筑进行设计时，我们可以通过地方文化在设计中找到绿色（植物）和蓝色（水）元素的象征性表达方式，这也给当地建筑类型的演变带来了影响。

在当代设计中，我会尽可能地保留传统元素，同时注意或借鉴本土建筑的理念。我希望通过这样的方式，将过去的故事传承给下一代。建筑的层次感及建筑形式与自然环境的和谐关系为我的诸多实践提供了灵感，使我能够从文化遗产中汲取养分。例如，在对概念和空间方案进行设计时，我经常会从集体或村落生活的核心原则中汲取灵感。家庭也应该像村落一样，通过空间的设计，从空间的层次结构入手，鼓励每个家庭成员进行互动。同时，我认为家庭住宅设计应当考虑设置一个专门供居住者聚会的空间，既可以供亲朋好友用餐和娱乐使用，又可以弱化人们对独立卧室的关注。

为了使空间内部以及空间与景观达到和谐统一，设计师通常会参考风水原则，其理论力求实现设计与周围环境的和谐；景观穿插其中，并将建筑分隔成一个个房间。在风水理论的指导下，风、阳光、景观和植被成为室内空间的延伸。

在设计建筑的外观时，我在马来半岛所遇到的最大挑战始终是在保持通风的同时防止雨水渗漏。设计从本土建筑中获得灵感，经常利用较深的屋檐和百叶窗使一些光线偏转，以此来保护内部空间。因此，在这一地区，我们需要对“屏障”设计予以更多的关注，而非表皮装饰。

对“亚洲建筑设计”这一主题的探索似乎是没有尽头的。但重要的是不要被炒作和趋势冲昏头脑，而是要留出时间，重新思考我们的真实价值观、所追求的目标和初心。只有重新找回自己，建筑才能随着我们不断变化的生活方式而得到发展，同时又不会影响区域发展。在亚洲地区，随着经济的发展和信心的增强，打造一批不仅能与人产生共鸣，还能影响社会发展的建筑的时机已经成熟。

FOMA 建筑事务所（FOMA Architects）设计总监
特伦斯·谭（Terence Tan）

临海T宅

中国，秦皇岛市

META-工作室

这栋新的度假别墅距海滩仅有几步之遥，人们可以在这里一览壮阔的海景。拥有绵长海岸线的秦皇岛市是夏日度假胜地。从闹市区往南约一个小时的车程就到了阿那亚黄金海岸社区——这个度假社区以宁静的海滩环境而闻名，成为不少人的度假首选。

新的滨海地产项目如雨后春笋一般涌现，迎合了越来越多打算来海滩度假的人们的需求。这栋别墅坐北朝南，遮挡夏季强烈日光的同时，可以让人将海景尽收眼底。北侧的广阔区域保护别墅免受强劲北风的侵袭。设计团队想要创造一系列动态空间，供公共聚会使用，同时允许光线通过别墅渗透进来，并实现空气流通。

室内通过精心布置的大扇窗户来获取自然光，而底层则是完全敞开的。客厅举架很高，给人一种开放的通畅感，同时在这里还可以欣赏大海和蓝天。

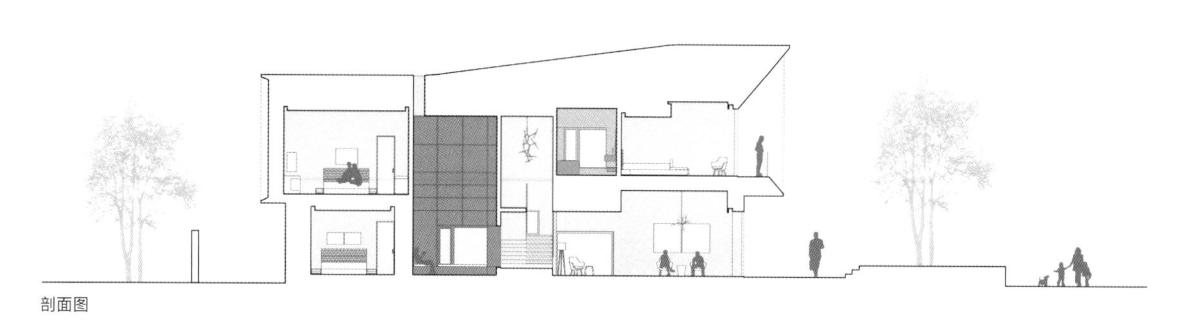

剖面图

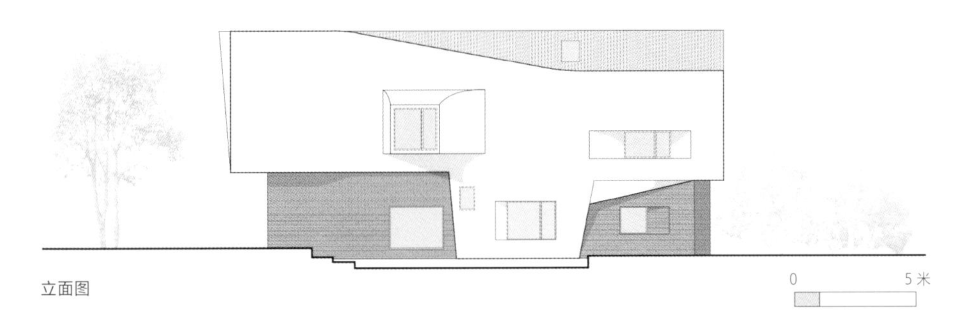

立面图

16
Chhavi

CCHAVI住宅

印度，焦特布尔市

ABRAHAM JOHN建筑事务所

这个令人惊叹的住宅项目旨在为居住在这一气候条件恶劣的地区的业主提供一个舒适的家。同时，该设计也符合印度关于空间、阳光、流线和功能的设计原则。

该项目位于焦特布尔市的一个住宅区内，设计师借助视线方向、屏障、庭院和景观设计来打造私属空间。小花园、水体、雕塑区和装有天窗的阳台提升了住宅的品质。正门入口因错落的台阶、精心规划的照明设备和景观设计而引人注目。然而CCHAVI住宅最令人惊叹的是前立面的金银丝镂空板。在一座气温时常超过40℃的城市，这种镂空板不仅具有美观性，而且具有保护作用。该建筑还展现了这一地区的传统镂空雕饰和多孔隔墙——它们在该地区的传统建筑中极为常见。镂空板吸收了白天的热量，使房间内部保持凉爽，同时将昔日的地域性建筑语言和干净、现代的建筑线条结合起来。

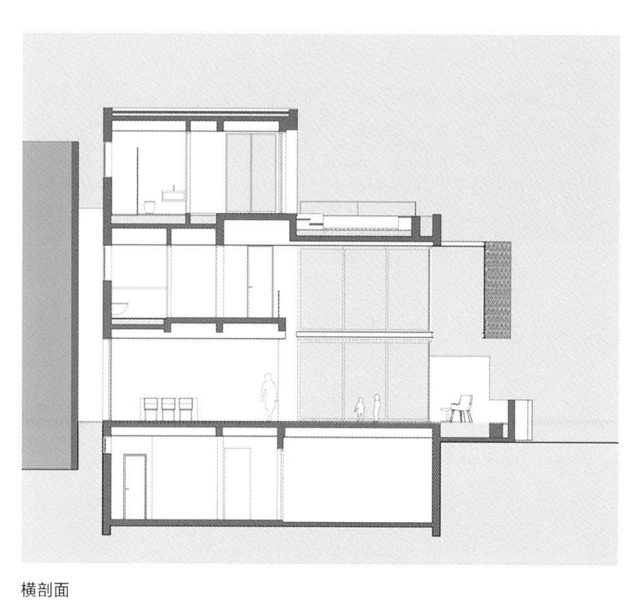

横剖面

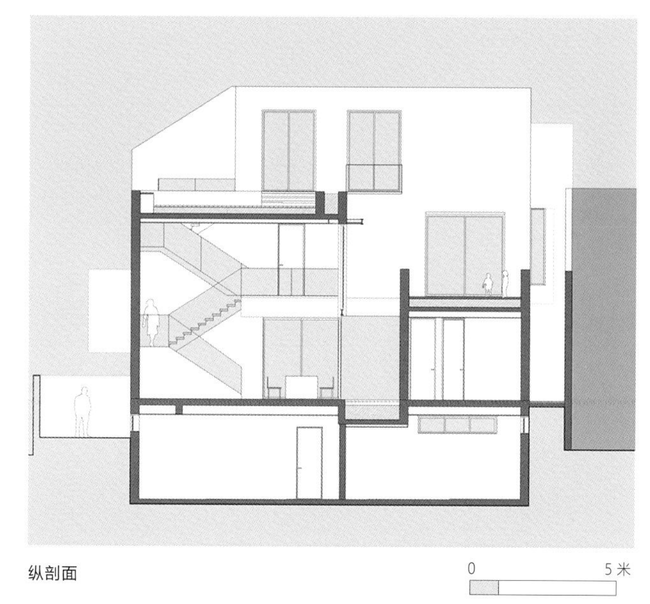

纵剖面

0 5米

Tropical
Living

裂开的住宅

印度，新德里市
ANAGRAM 建筑事务所

这个有趣的结构是专门为一个几代同堂的家庭打造的。他们的家建在326平方米的狭长地块上，面朝城区内一条繁忙的道路。该设计解决了场地缺乏私密性的问题，并且满足了业主对开放、明亮的住所的渴望。

对这类位于狭长地块上的住宅，设计师通常采用与相邻住宅共用界墙这种传统的方式，但这里采用的手法与传统的流线设计和空间安排方式相去甚远——他们将建造体块视作裂开的巨石，而不是一个带窗体块和粉刷立面的组合结构。

多面隔热石材立面解决了住宅前方缺乏私密性的问题，服务区也采用类似的方案，套房和衣柜安排在后方，从而缓解了南向的热能积聚情况。深深的裂隙在前部和后部与上方楼层相接，在住宅中央打造了一个社交庭院，为住宅内的所有房间引入景观。裂隙引入了充足的光线，光线穿过白色木质表面和屋顶玻璃射入地下室。中庭的对流通风是通过窗户进行控制的——夏季时在蒸发冷却器的帮助下，通过积攒的热能增强对流通风；季风期间利用风洞效应增强对流通风。

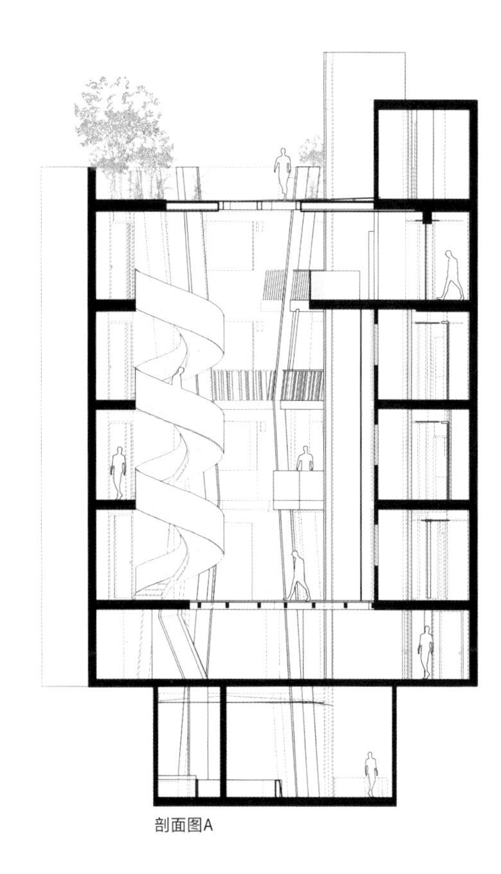

剖面图A

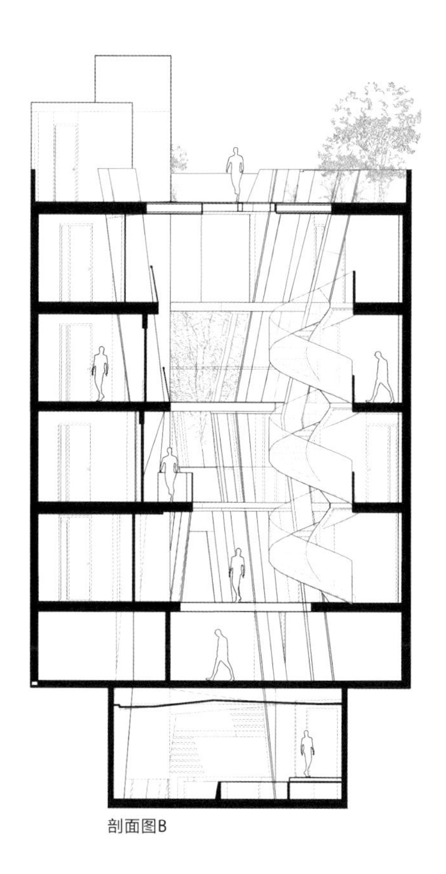

剖面图B

秘密花园

印度，艾哈迈达巴德市
SPASM 设计公司

这栋时尚住宅以艾哈迈达巴德市当地的石材为饰面。这种石材是一种自然资源，在当地有着悠久的历史，它斑驳的纹理和色彩，即便老化也能保持良好的状态。石材表面存在断断续续的微小孔隙，本身就是很好的保温、隔热材料。石材被用在巨大的体块上，构成了花园的边界。庭院变成了炎炎烈日下一片宁静的绿洲，促进了空气的对流运动，形成了别墅内主要的被动式气候调节系统。此外，建筑表面的石材饰面和粗糙切面形成阴影，在降低立面温度的同时创造出了不断变化的光影。

艾哈迈达巴德市的阳光有时非常刺眼，需要通过使用较暗的墙壁或地面来减少反射光，这种情况才会得以缓解。该项目的室内用大量木结构“盒子”进

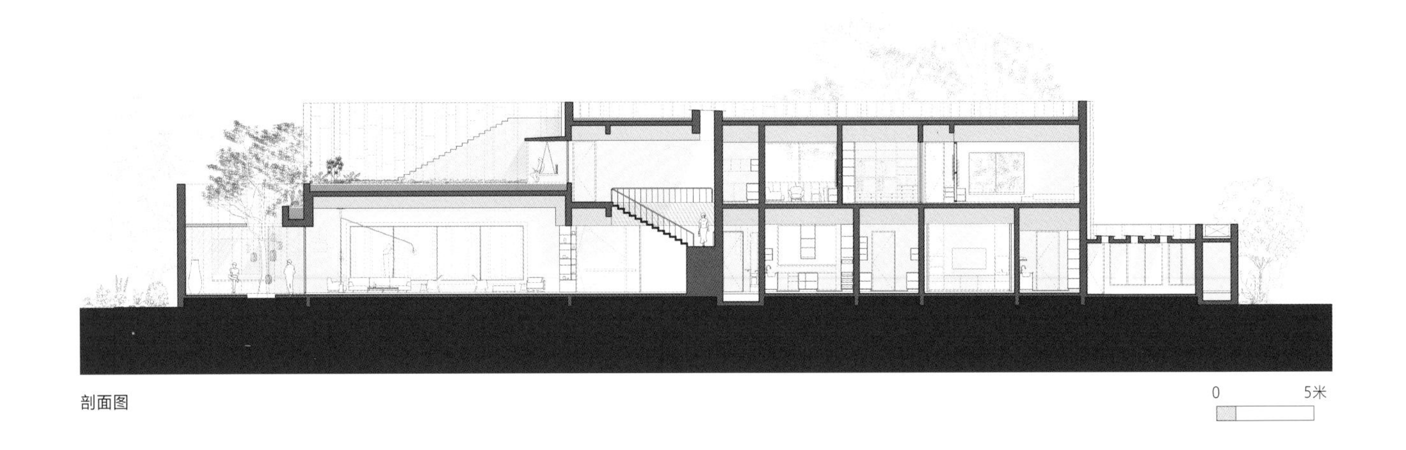

剖面图

行装饰，“盒子”里面是衣柜和大型豪华浴室，所有墙壁都用石灰粉刷过。

住宅为业主提供了一个完美的环境来展示他们的艺术收藏品。整个设计的目的是让居住者在大自然的怀抱中生活，感知四季。设计师相信建筑就是要让人想起美好的东西，当提炼出内心宁静、幸福的瞬间，感觉一切都完美无暇之时，便会意识到自己正身处其中，并心生愉悦之情。

影子住宅

印度，孟买市

SAMIRA RATHOD设计公司

这栋住宅坐落在孟买市南部的沿海小镇阿里巴格，远离喧嚣的市中心。住宅设计看似简单，却是专门为避暑而打造的。巨大的风化钢屋顶位于庭院上方，呈倾斜状态，可以遮挡大量的日光。

起初，这里是一片干燥贫瘠的土地。正如建筑师所言："在这样炎热的天气里，我只有一个愿望，那就是回到熟悉的阴暗、凉爽、平静中去。"刺眼的光需要树荫来遮挡，建筑和景观语言由此产生。住宅设计得很像一张滤网，光线通过滤网投射出斑驳的光影。设计参考了印度南部的庭院住宅，它们通常有拱形的低矮屋顶和一个中央庭院，庭院面向一条宽阔的走廊。楼上有一条木制的悬臂式走道，位于庭院空间上方，意在向印度北部山区的传统住宅致敬。

住宅内部空间被拆成不同层次，每个空间都以不同明暗效果的光线进行渲染。第一层是南侧的一面废弃了的混凝土墙，上面有一层厚重的隔热结构，将热量阻隔在外。第二层是耐候钢斜屋顶。庭院的尽头是一个小型水池，水从池中的水景设施中喷涌而出，给人一种清凉的快感。

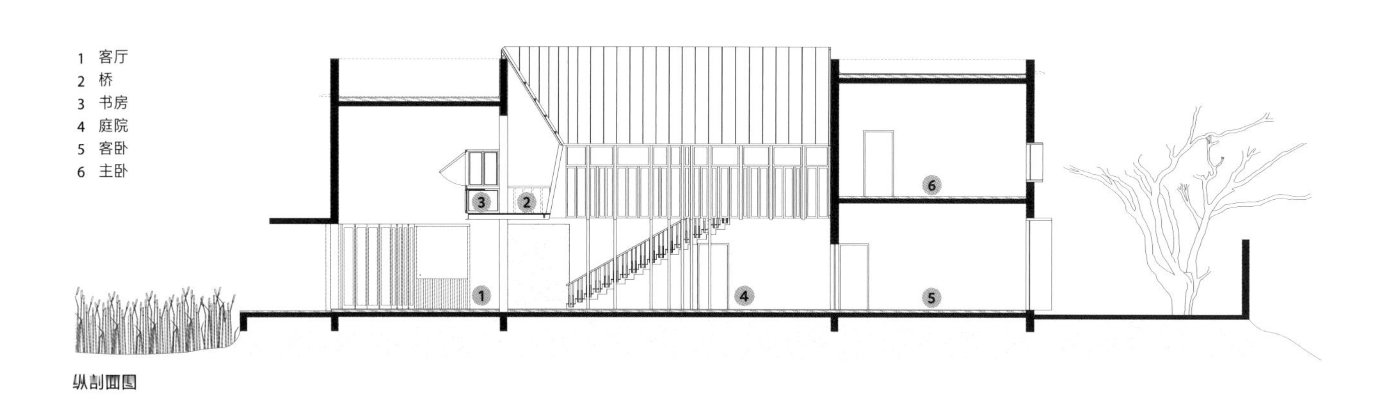

纵剖面图

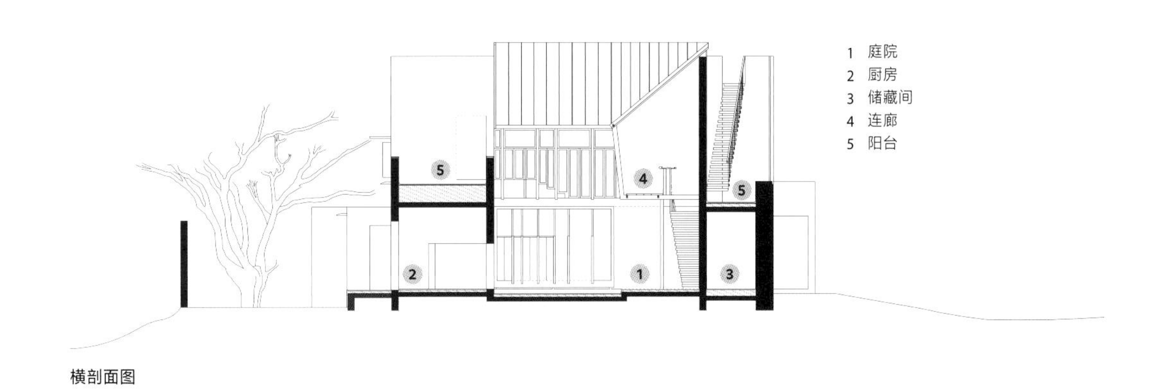

横剖面图

DL住宅

印度尼西亚，雅加达市

DP+HS 建筑事务所

住宅是为一对年轻夫妇设计的，他们想要为未来的孩子和来访的亲戚打造卧室。这栋住宅展现了具有热带风情的空间气氛。业主并不喜欢“封闭空间”的概念，他们明确提出想要一个内外相融的室内空间。最终呈现的是一个既能享受自然环境又有足够的现代设施的空间。

室内由畅通无阻的生活空间组成，巨大的空隙强调了开放性。这里还安装有夹层玻璃天窗和双层隔板，避免阳光直射。“生活岛”周围的浅水池与室内的通风系统相结合，有助于降低日间的室内温度。

这栋住宅的整体色调十分柔和。立面以浅色的自然色调为主，结合大量的黑色装饰，而天然的深色木材为入口营造了一种温暖的感觉。同时，室内部分使用单色来强调植物和室内装置的不同颜色和纹理。浅色的墙壁和深色的地板相结合，营造出一种轻松、现代的热带风情。

总的来说，建筑师强调了自然的动态，并成功地为开放的空间带来自然氛围。居住在里面的人可以感知到外部的自然气息，因为阳光在一天中不断变化，带来了不断变换的光影。同时，植物的气味、流水的声音和轻拂的微风带来了感官刺激。DL住宅在设计时将室内外空间成功地结合起来，同时设计师还考虑到了这对年轻夫妇日常生活的紧凑性。

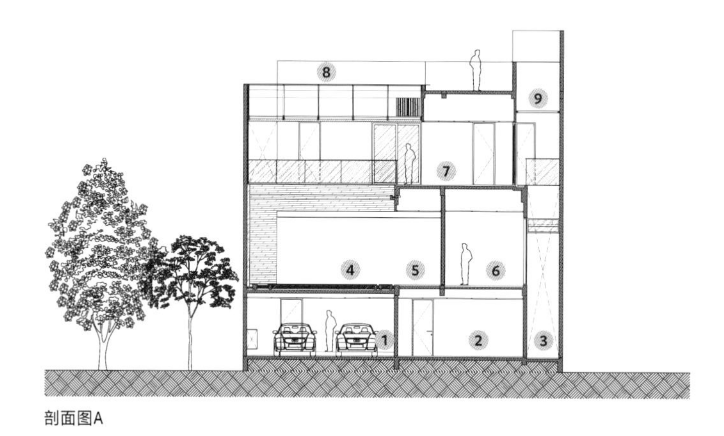

剖面图A

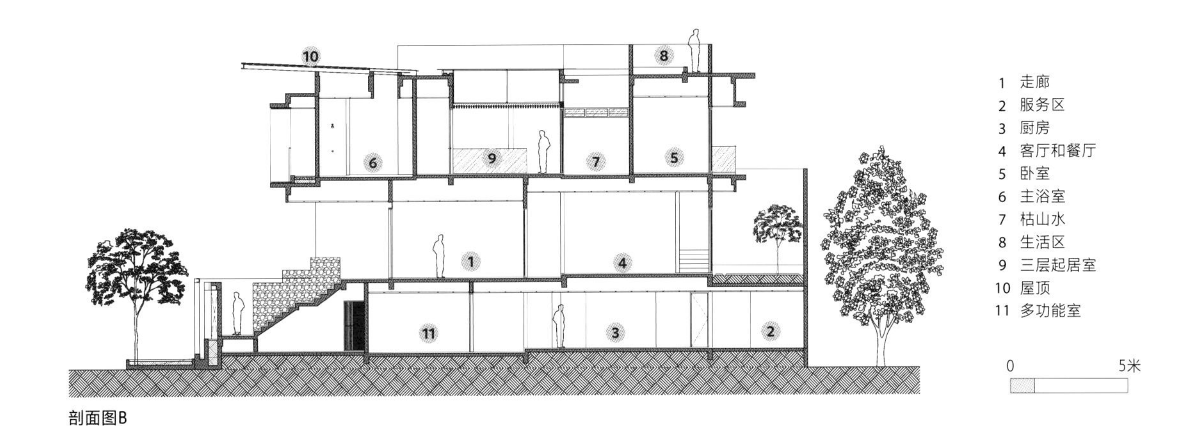
10
8
6
9
7
5
1
4
11
3
2
1 走廊
2 服务区
3 厨房
4 客厅和餐厅
5 卧室
6 主浴室
7 枯山水
8 生活区
9 三层起居室
10 屋顶
11 多功能室
0
5米

剖面图B

空中别墅

印度尼西亚，万隆市

TWS & PARTNERS建筑公司

空中别墅旨在为大家庭提供一个聚会空间，同时允许每个成员有自己的私人空间。另外，设计师还要打造一个户外多功能区，供业主举办各种活动使用。项目位于一个山坡上，充分利用周边翠绿的环境，并优先考虑美丽的山谷和周围森林的景致，打造了一个远离现代生活压力的舒适、安静的私人居住空间。

设计师受到“堆叠盒子”概念的启发，创造出立体几何形状，使别墅变成了一栋与周围自然环境完美融合的现代、友好的建筑。

建筑朝向充分利用太阳的位置，实现了空气流通。当风吹进建筑并通过水池时，可以带来凉爽、清新的微风。玻璃开窗的广泛使用可以使室内获得自然通风，并最大限度地引入自然光线。住宅保温性能良好，玻璃窗在保证室内湿度的同时还能减少热量损失。

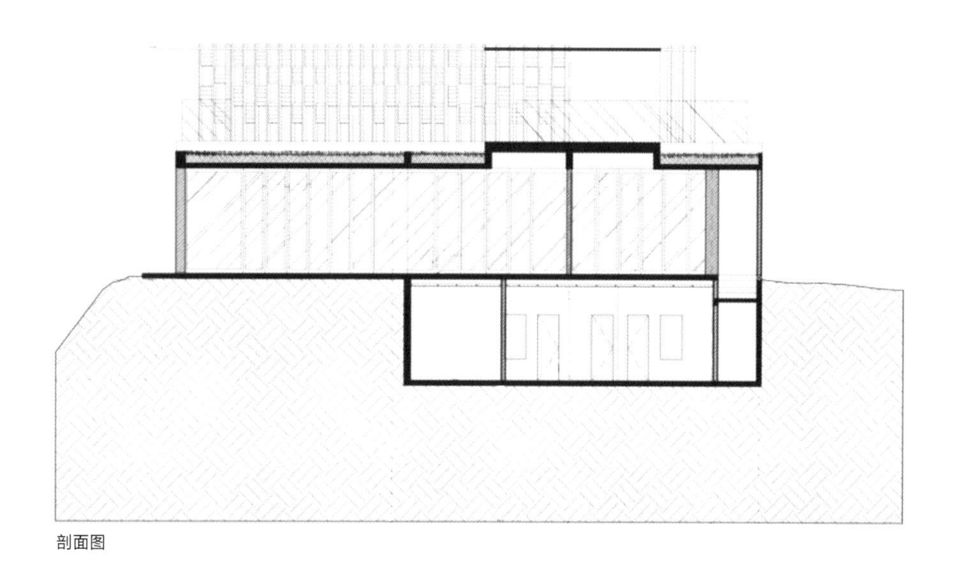

剖面图

ROEMAH KAMPOENG 住宅

印度尼西亚，玛琅市
PAULUS SETYABUDI建筑与规划事务所

这栋住宅的设计灵感源于业主对儿时的家的美好记忆，业主希望开放空间和建筑能够和谐统一——他想要一栋拥有庭院和开放空间的单层住宅。设计师充分利用玛琅市良好的天气和适宜的温度，为建筑带来充足的自然光线，实现了空气流通。

该住宅的空间体量巨大，设计团队按照爪哇传统的住宅分区模式，将这栋住宅分成几个不同的建筑体块，即Pendopo、Peringitan和Omah（爪哇语，当地建筑的基本元素），并且建筑体块的每个墙面上都有开窗。Pendopo和Peringitan是公共空间，位于住宅前方，通常被用作客厅、餐厅和书房。整面墙的玻璃旨在建立起空间内外的互动和强烈联系。Omah是位于住宅后方的私人空间，主要是主卧室和儿童卧室，与高尔夫球场的景致并存，使这个空间格外宁静、舒适。

房屋在建造过程中尽可能采用轻质材料，墙体屋顶和裸露的结构也使得整个建筑显得格外轻盈。

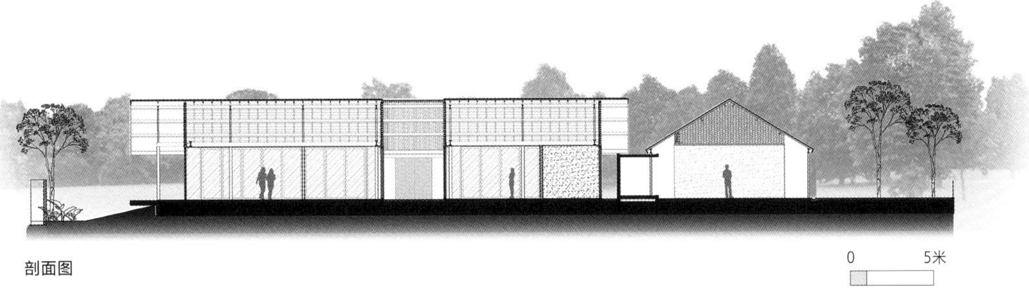

剖面图

清水别墅

日本，俱知安町镇

SESHIMO建筑事务所，PETER HAHN联合事务所

这座位于日本北海道的度假别墅坐落在青翠的峭壁之上，可以看到羊蹄山的景色，也可以俯瞰山脚下蜿蜒而过的河流。

房屋高悬于悬崖之上，仿佛飘浮于周围的环境中。别墅的名字“清水”源于从羊蹄山流入下方河流的积雪融水。三个长方形结构交叠在一起，相互支撑：最下层设有健身区，中间层是别墅的公共区域，最上层是私人卧室。别墅内有两间主卧，可以欣赏到来自羊蹄山和新雪谷安努普利的两种不同景致。

从街道和相邻的住宅无法看到别墅内的景象，但建筑面向另一侧敞开，可以看到让人惊喜的景致。同时，在下沉式客厅中也可以欣赏到附近森林如画般的景致。

经过大型楼梯时，也可以通过不同角度欣赏森林景观。简约的外观与大量的天然木材和石材内饰形成鲜明对比，与大尺寸的家具一起为住户打造舒适的室内环境，并将人们的视线从树梢移向远处若隐若现的山脉景观。

这栋别墅提供了温馨的居住环境，可供业主及家人和朋友来此放松身心。

中间层平面图

1 入口
2 大楼梯
3 餐厅
4 厨房
5 下沉式客厅
6 客厅
7 雪茄室
8 卫生间
9 干燥室
10 停车区

四叶别墅

日本，轻井沢町镇

KIAS事务所

四叶别墅位于森林之中，是为业主及其朋友设计的度假别墅。其屋顶与弯弯的树叶形状相呼应，整个建筑与周围的自然环境和谐相融。

设计团队仔细考虑了生活空间的布局——空间由三个相互连接的部分组成。室内配色使用了传统的日式色彩。客厅和餐厅面向东南，可以接触到更多的自然光；卧室和浴室面向森林，保证了空间的私密性。主要生活区安装有面向木质平台敞开的大扇玻璃窗，业主可以在这里欣赏外面的森林景致。

屋顶的曲面是凹或凸的组合，整体效果是对日式传统美学的致敬。从远处看，别墅仿佛是一片被风吹落的叶子，轻盈地飘落在树丛中。

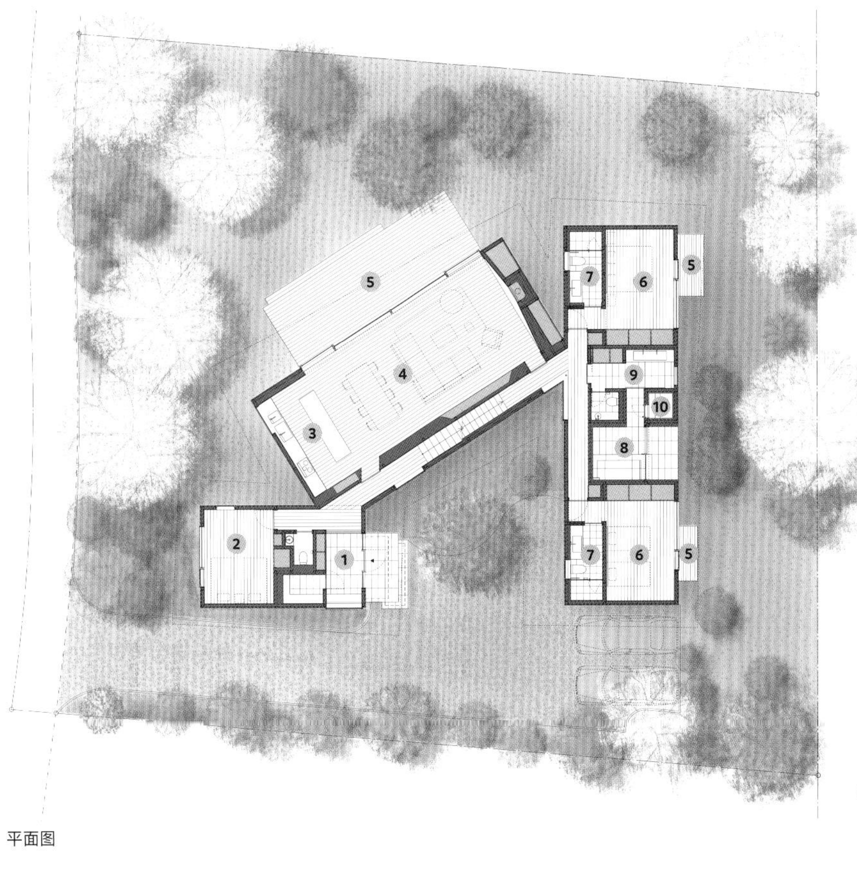

平面图

明石住宅

日本，明石市
ARBOL设计事务所

这个极简主义风格的项目位于一个相对安静的住宅区内，面向内部庭院，同时将自然光线引入室内。业主可以在庭院里种植蔬菜，晾晒衣物。

这栋木材饰面的住宅分为三个区域，每个区域都自带一个小型庭院。第一个区域使用了传统泥土地面，设有烧柴炉（不仅可以营造一种舒适的氛围，还可以用来烤红薯）和榻榻米房，庭院内还种植了葡萄藤和其他果树；其后的空间被用作大型厨房和餐厅，在这里可以俯瞰第二个区域的庭院；第三个区域的庭院是用于晾晒衣物的私人区域。

虽然从外面看，整个住宅似乎是封闭的，但里面是温暖和令人向往的。饰面用雪松、日本柏树和云杉等材料打造而成。白天，自然光洒满内部空间，通过庭院植被在一天之中投下不断变化的光影，使住户感受到季节的更替，为他们提供了接触和感受大自然的机会。

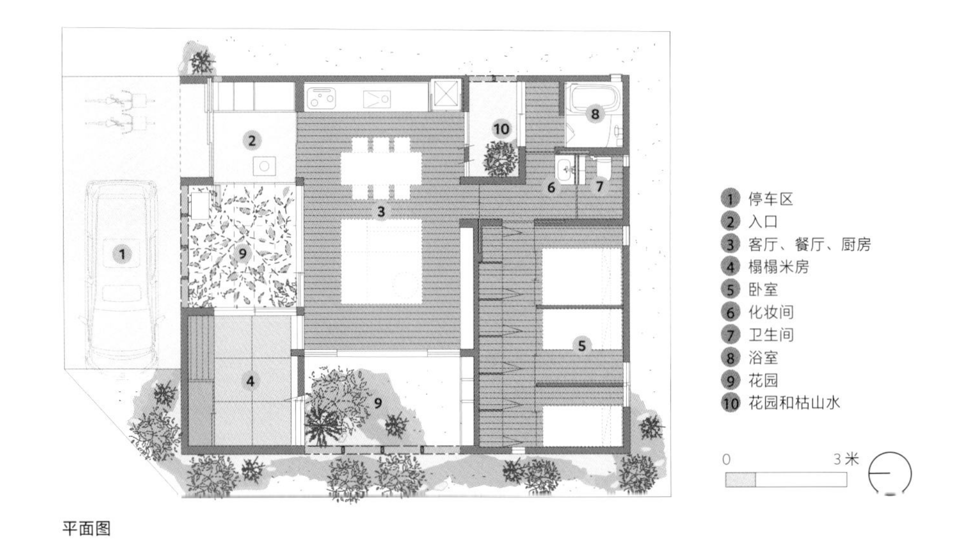

平面图

N10别墅

日本，福冈市

MASAHIKO SATO建筑事务所

这个现代的别墅位于福冈市高密度住宅区的一处略高于地面的山丘上，设计师试图给居住者提供一个可以远离快节奏的城市生活、抵御各种危险的“避难所”。

墙壁用红雪松和白瓷砖进行装饰，呈现了一种现代的设计风格。到了晚上，灯光亮起，白色的建筑仿佛飘浮在空中。阳台直接通往客厅和餐厅，营造了一种开放的感觉，同时还能让居住者欣赏室外的景色。用白色的外观遮挡红雪松材质的内部，也算是为街道提供了一个有趣的地标。

入口处的植物给人一种温馨的感觉。柔和的自然光透过大扇玻璃窗照射进来。红雪松墙壁和白色的楼梯营造了一个温暖、柔和的空间。入口大厅及二楼的客厅和餐厅使用钢化玻璃作为隔断，给整个空间带来开阔感。

N10别墅与周围的环境相融，旨在成为一家人共度美好时光的地方。

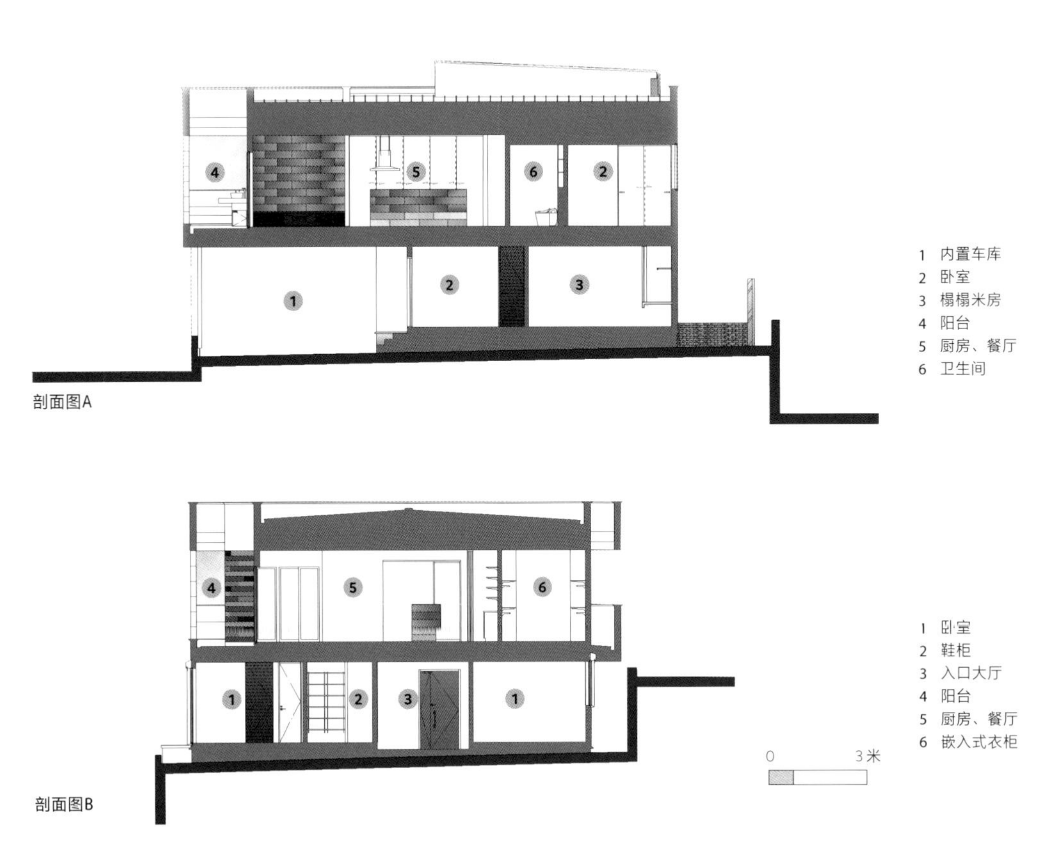
1 内置车库
2 卧室
3 榻榻米房
4 阳台
5 厨房、餐厅
6 卫生间
剖面图A
1 卧室
2 鞋柜
3 入口大厅
4 阳台
5 厨房、餐厅
6 嵌入式衣柜
0 3米
剖面图B

宁静之家

日本，滋贺县
FORM/KOUICHI KIMURA建筑事务所

宁静之家旨在转移人们对周围工业环境的注意力，在视觉上将人们的目光从附近的混凝土工厂和繁忙的道路上移开。住宅的整体外观非常显眼，对称立面上的凹槽使入口清晰可辨，入口处的景象暗示了住宅内部柔和的氛围。

建筑中央是一堵厚重的墙壁，不仅营造了一种强烈的深邃感，还可在视觉上进行遮挡，使外面的人无法看到里面的景象。走进其中，家的感觉会不断加强。光线通过高体量的空间洒下来，仿佛在欢迎居住者走进这里。沿着通往住宅尽头的入口通道往里走，会看到里面的客厅，客厅与露台相连接，使空间向外得以延续。

沿着住宅轴线展开的空间序列营造了一种舒适、宁静的氛围，为日常生活增添了独特的美感。

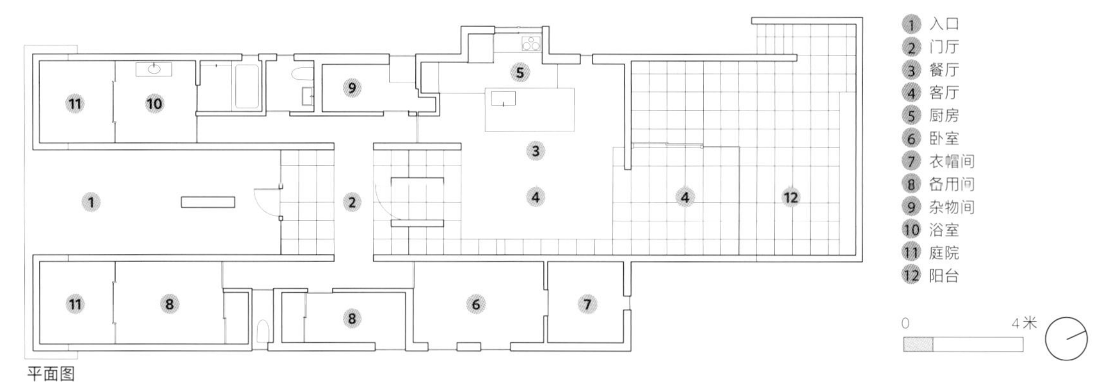

平面图

C住宅

马来西亚，吉隆坡市
DESIGN COLLECTIVE建筑事务所

这栋极具吸引力的住宅位于吉隆坡市白沙罗岭周围的住宅区内，它不仅是现在的时尚之家，也会是未来的时尚之家。

住宅建在两个地块上，旨在满足年轻夫妇及他们的大家庭的生活需求——住宅要有足够的空间和灵活性来适应一个不断壮大的家庭。住宅中还有祖父母的房间、客房以及家庭办公室。

整体设计遵循风水以及热带建筑的设计原则，以现代极简主义形式来呈现。从本质上说，最终的设计是由两个“箱子”组成的，它们交错放置以创造辅助空间。这种转变打造出一层的阳台和二层的露台。

设计师考虑到吉隆坡市的高温天气，选择用深凹的立面和百叶窗使住宅内部免受烈日的炙烤——特别是西北立面，那里的阳光是最强的。建筑的深度受到限制，以确保有足够的新鲜空气穿过室内。内部的空隙和楼梯被设计成“热能堆栈”，以吸收向上的热空气，并通过开口实现通风。大型落地门面向花园敞开，以提供额外的通风，并为西南侧提供遮阴。

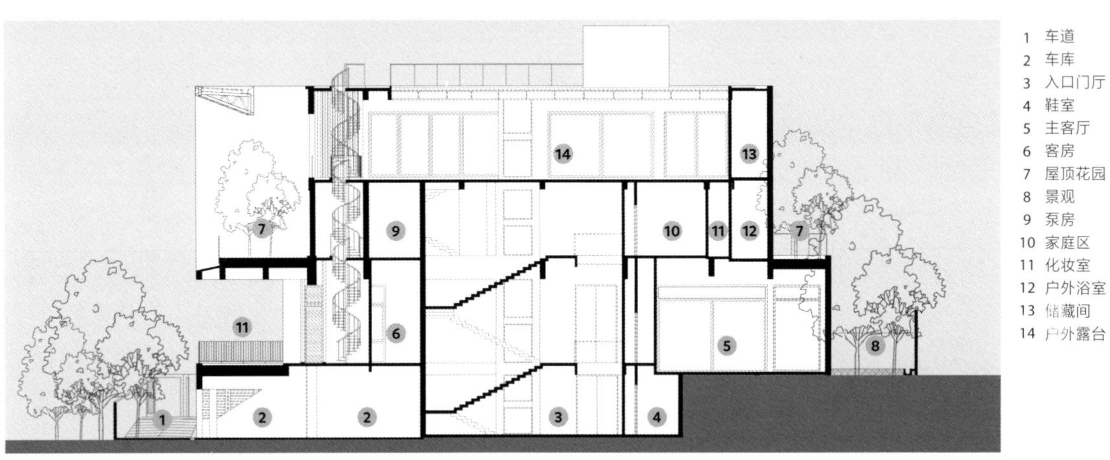
1 车道
2 车库
3 入口门厅
4 鞋室
5 主客厅
6 客房
7 屋顶花园
8 景观
9 泵房
10 家庭区
11 化妆室
12 户外浴室
13 储藏间
14 户外露台

横剖面

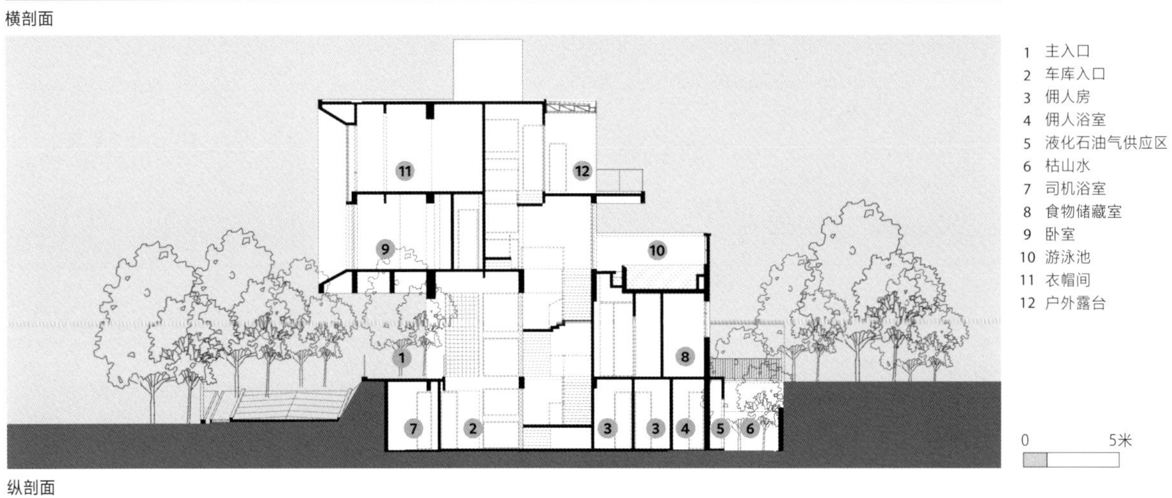
1 主入口
2 车库入口
3 佣人房
4 佣人浴室
5 液化石油气供应区
6 枯山水
7 司机浴室
8 食物储藏室
9 卧室
10 游泳池
11 衣帽间
12 户外露台
0 5米

纵剖面

MODERN ETHNO INTERIORS
Kerry Hill

回廊住宅

马来西亚，新山市

FORMWERKZ建筑事务所

这栋住宅是为业主及其家人建造的，他们希望有宽敞的空间来举办各种活动，同时他们非常重视隐私。在设计过程中，FORMWERKZ建筑事务所改变了传统建筑的一些典型风格，最终呈现出这个令人印象深刻的方形体块。

住宅在空间上被划分成九个子网格，网格中间是庭院，庭院将日光和自然风引入建筑深处。

所有结构都在一个层面上，这样有助于遵循风水原则，同时也降低了建造成本。庭院周围的公共生活空间充当了回廊。

屋顶向庭院倾斜。室内由简单的建筑元素组成，起伏的木质天花板是建筑的主要特征。当夜幕降临时，内部光线透过玻璃幕墙折射出来，突出了建筑内部错综复杂的结构。

回廊住宅对热带建筑语言进行了重新诠释。沥青屋顶是热带建筑的基础元素，在该项目中被重新诠释，同时保留了引入日光和自然风的固有功能。

业主经常在洒满阳光的庭院内举办活动，不受客观空间的限制，可以充分利用拥有各种排列形式的回廊空间。完工后的建筑通过开放的通风井实现了自然通风，并获得自然冷却的效果。

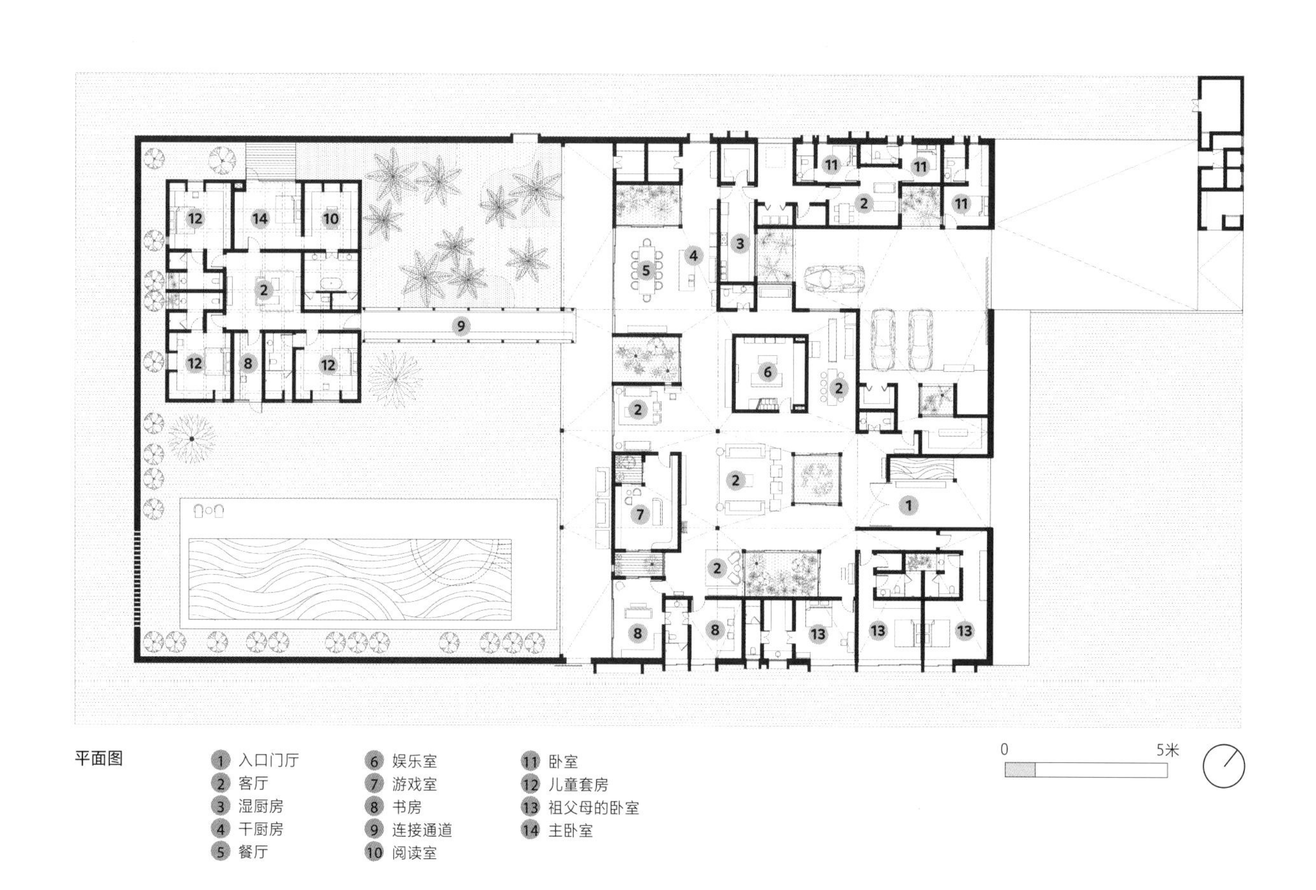

平面图

1 入口门厅
2 客厅
3 湿厨房
4 干厨房
5 餐厅
6 娱乐室
7 游戏室
8 书房
9 连接通道
10 阅读室
11 卧室
12 儿童套房
13 祖父母的卧室
14 主卧室

FUGUE住宅

马来西亚，吉隆坡市

FABIAN TAN建筑事务所

这个令人惊叹的现代设计项目坐落在一个封闭的社区内，为居住者提供了完美的庇护所。项目旨在为这个年轻的家庭打造一个特别的家，一栋在视觉上与周围环境和谐相融的住宅。居住者们（一对年轻夫妇、他们的三个孩子和一只宠物狗）对极简主义设计、水和户外非常感兴趣。

住宅内部最特别的设计是一扇滑动门，一旦开启，室内空间对室外的热带绿植完全敞开。设计团队利用房子的角落、开放的生活空间、规则的滑动门建立起室内外空间的联系，实现了两种环境的无缝连接。这样做是为了回应家庭对室外空间的热爱，同时居住者可以在房子里进行社交活动，

JALAN MUTIARA SEPUTE

也可以与家庭成员联络感情。泳池和花园不仅改善了住房环境，还为家庭成员（和宠物狗）在天气暖和的时候聚在一起玩耍提供了怡人的户外场地。

崭新的白色内饰配以木制结构及深灰色家具，为家庭住宅增添了温暖、舒适之感。楼上的卧室和浴室进行了升级，采用了新的饰面（墙壁和地板具有柔和的大理石纹理），形成了一个舒适的封闭空间。住宅顶层增加了一间音乐室，还有一间娱乐室，以迎合业主一家人的业余爱好。设计团队还设计了一个架高的飘窗阅读区，台阶通往兼做书架的窗户。这样有助于保证从窗户射入的自然光洒满整个空间，同时为这个阅读空间营造更为轻松的氛围。

SS3住宅

马来西亚，八大灵再也镇

SESHAN设计事务所

这栋住宅是建筑师和业主之间愉快合作的结果。业主本身就从事建筑行业，而且清楚地知道自己想要什么——他对原始的工业美学非常感兴趣。但是为了打造一个更有特点、更适合小孩子的房子，他们接受了减少工业感的建议。因此，设计团队提出了多种风格相组合的方案，即清水混凝土或水泥砂浆和砖石与铺装元素相平衡，它们的结合赋予了住宅更多层次。

同时，业主又非常喜欢复古的物件，他收藏了各种各样的旧家具、灯具、艺术品等。最终，富有层次的现代设计元素很好地与它们结合在一起，呈现出

一栋丰富而独特的住宅。住宅的主泳池和公共空间朝向东方，以便利用早晨的阳光。最终设计方案准备就绪后，业主咨询了风水顾问，并据此做了一些细微的调整。

整栋住宅的设计融入了业主的想法，是业主个性的体现和延伸。

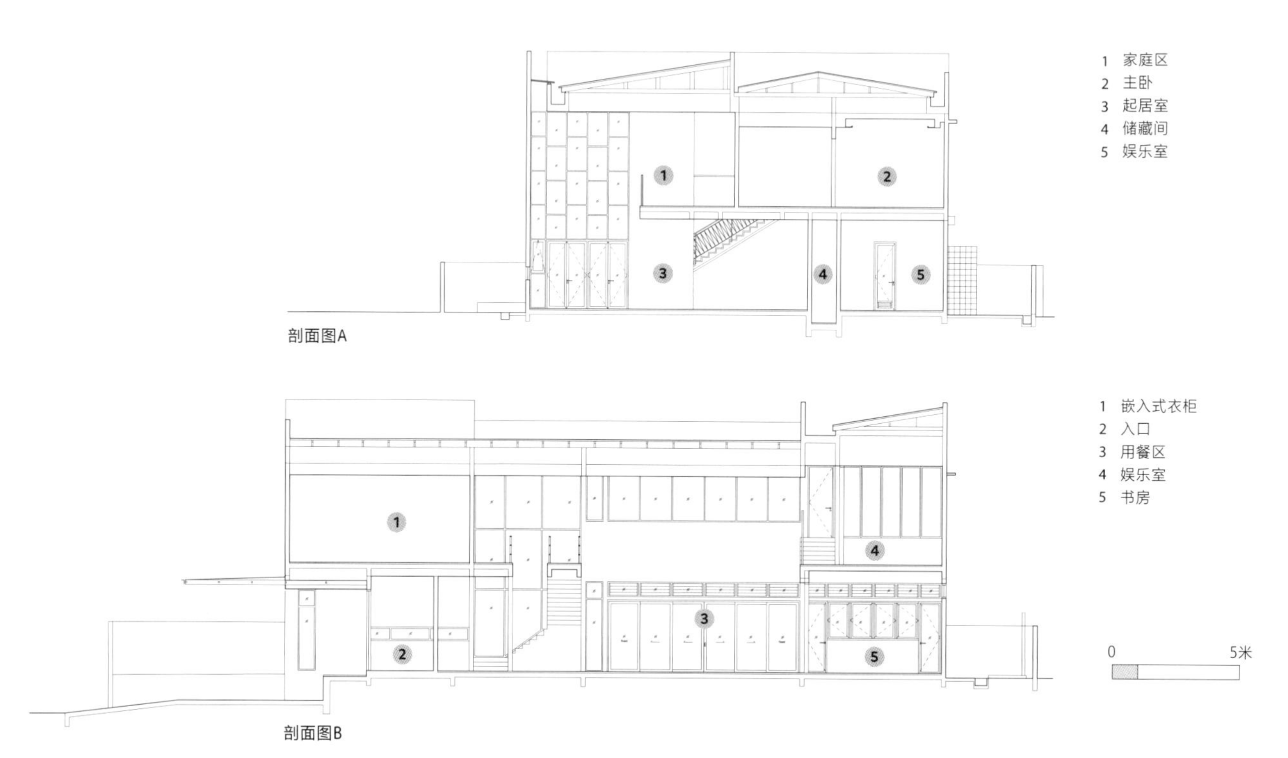
1 家庭区
2 主卧
3 起居室
4 储藏间
5 娱乐室
剖面图A
1 嵌入式衣柜
2 入口
3 用餐区
4 娱乐室
5 书房
0
5米
剖面图B

窗屋

马来西亚，吉隆坡市
FORMZERO建筑事务所

FORMZERO建筑事务所在马来西亚森林的边缘地带设计了这个窗屋，旨在建立起住宅和森林之间的紧密联系。你可能会认为设计任务应当包括森林视野最大化，但如果情况正好相反呢？如果业主只专注于室内空间呢？还有，如何在不牺牲住户隐私的情况下让住宅与户外保持联系？这些问题正是设计的灵感来源——设计师由此设计出了窗户的造型和功能。混凝土外壳作为建筑的主要组成部分，将整栋建筑包裹起来。这个外壳有两个用途：一是作为额外的隔热层；二是为业主提供了一个更为私密的空间。外壳结构是伸缩式的，在建筑前侧逐渐变窄，在后侧则直接打开，与森林景观融为一体。

为了给每个房间创造特定的观景体验，南北立面上每个窗户的比例和位置都是根据每个房间的功能来确定的。因此，建筑立面的设计不再只是出于审美考虑，而是在考虑审美的同时还考虑了房间的功能特性。此外，为了凸显窗外的美景，窗户采用加深的窗沿来勾勒轮廓，使每一处风景都好像嵌在画框中一般。

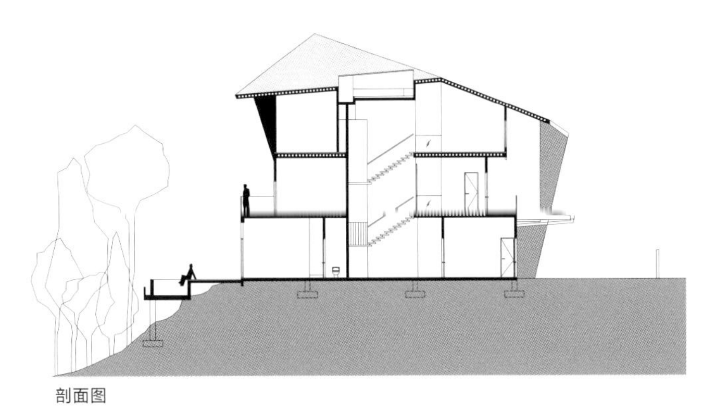

剖面图

JALAN INSAF 11号别墅

新加坡

FOMA建筑事务所

当自然成为建筑的一部分而不是最初的灵感或后来的装饰时，一种平衡感便会出现在建筑形式中，为它所促生的生活方式增添一种独有的品质。

这栋甘榜（东南亚的一种民居形式）叠拼别墅位于一个梯形地块上，屋前空地面积不大，住宅由两个向内的体块组成，形成一个H形的定向平面。客厅、餐厅、楼梯和电梯区围绕中央泳池进行布置，泳池将空间分成两个部分。

住宅的露台和开敞的平台模糊了室内外空间的界限，同时为室内生活空间增添了自然景观。

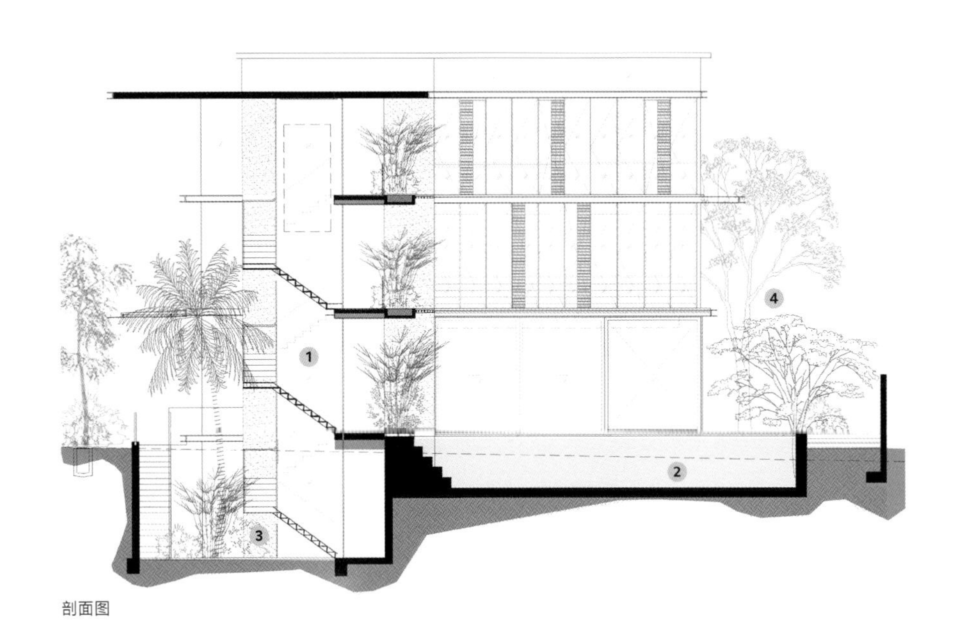

1 开放式楼梯间
2 游泳池
3 地下室景观
4 户外景观

剖面图

FICUS住宅

新加坡
GUZ建筑事务所

这是一个大型家庭住宅项目，成员们有各自的家庭，并和他们的父母居住在一起。这就要求设计师在两个家庭住所之间留出必要的私密空间，同时还要提供一个作为互联社交空间的公共庭院。

考虑到实用空间的面积，设计团队不得不最大限度地利用景观区，打造屋顶花园、水体和遮阳装置，以提供自然美景。此外，屋顶花园复原了因建筑的存在而减少的地面景观。设计师尽可能地减少了景

观美化，这样有助于减少热量的吸收，并且增加了舒适性。

阁楼享有街区的绝佳景致，并有着自己的特色，与屋顶花园和生物池一同营造出轻松、惬意的氛围。住宅建在房主祖辈传下的产业上，因此，他们希望保留大部分现有的树木，尤其是后面的高大榕树——它能够提供遮蔽并营造私密的氛围。

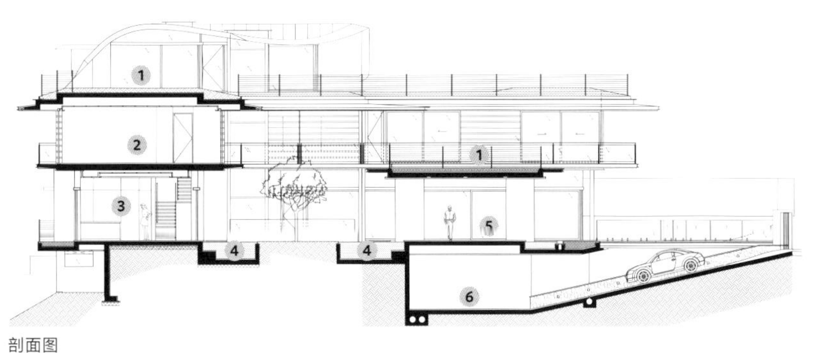

剖面图

1 屋顶花园
2 主卧
3 客厅
4 游泳池
5 阳台
6 车库

永恒之屋

新加坡

WALLFLOWER建筑设计事务所

建筑师通常不会收到一份列有众多愿望的清单和"不惜任何代价"的委托，但对于业主来说，这个梦想中的房子是他们最终的家。因此，任何事情都可能发生。业主希望外部空间是开放的，但临街的部分又能充分保证私密性。

房子的周围是密集的住宅区，对比街道，它被抬高了足足4米。住宅厚重的基座由贴附板岩的梯田状结构构成，并栽种了灌木。两个形状各异的悬臂式体块就像住宅的巨大双翼，由中央的循环核心连接在一起。体块之间的剩余空间围合成一个三面的中庭。玻璃升降梯和透明的楼梯间纵向连接着住宅的各个部分。住宅立面覆盖了米黄色和银色的石灰岩，并与黑色的玄武岩饰面形成了鲜明的对比。水平的铝制护栏一方面可以遮挡阳光，另一方面可以保护住户的隐私。

向上层走去，视野会不断扩展，位于中央庭院的鸡蛋花树成为视觉的焦点。悬浮植物池的重要作用是为地下车库提供一定的日光和自然通风。

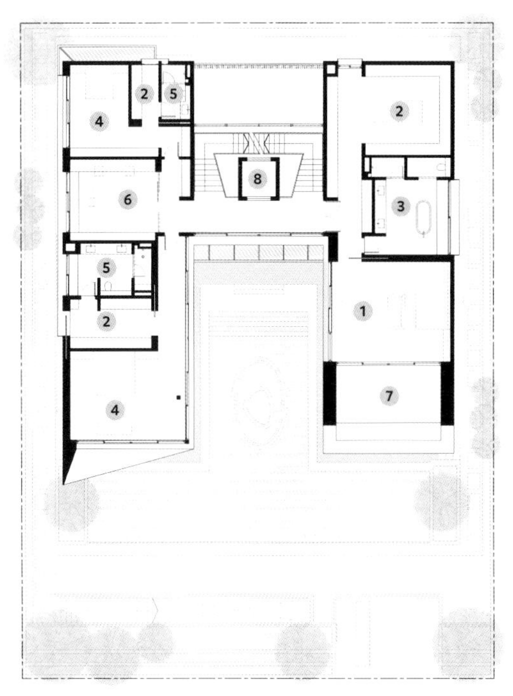

二层平面图

1 主卧
2 嵌入式衣柜
3 主人浴室
4 卧室
5 浴室
6 书房
7 阳台
8 电梯间

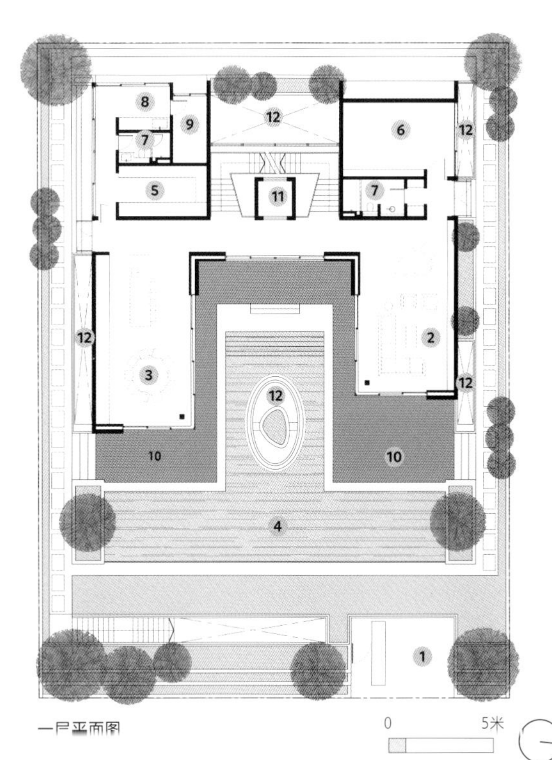

一层平面图

1 车道
2 客厅
3 餐厅
4 游泳池
5 厨房
6 健身房
7 浴室
8 洗衣房
9 佣人房
10 户外甲板
11 电梯间
12 天井

起居室和用餐空间被设置在建筑的一层。地下一层是车库和娱乐设施，为家庭成员和他们的亲朋好友提供聚会的空间。所有的卧室都设置在二层，另外还有一间私人书房；顶层则设置了露台和花园，为住户提供了开放的户外空间。在这里，住户可以俯瞰四周的住宅区，同时也可以远眺城市景观。

24号住宅

新加坡

PARK+联合设计事务所

通常情况下，一个住宅最重要的部分是房子前面的空间，但在这个项目中并不是这样。24号住宅位于一个三角形的地块内，这本身就是一个限制条件，但设计团队很好地克服了这个困难。他们还参与到住宅的选址和规划中，满足业主在空间、功能和隐私方面的需求。另外，场地旁边是一块绿意盎然的公共用地，设计团队也对其进行了充分利用。

设计团队决定让住宅远离主干道和附近房屋，让生活空间面向远处郁郁葱葱的绿色植物。最终在这里建造了一个由两个体块构成的建筑——两个体块组合在一起形成了一楼的V形庭院，这里是住宅内部最主要的公共活动空间，其主要景观来自周围的绿色植物。

面向街道的庭院屏障结构是对传统入口的一种重新思考，也是一种对创造更多层次和连续体验的探索。它作为一个仪式体验空间——静谧又安宁——是公共和私人空间之间的过渡区域。屏障结构的使用也是设计团队探索木材工艺在当代建筑中的意义

的一次尝试。他们脑海中预想的屏障结构具有现代美感和装饰细节的元素，并在最终呈现的是一个精致的立面结构。即便其高度超过8米，它依然有着精美的外观，吸引了人们的目光。每天不同时间段射进来的阳光会产生不同的美丽光影，并伴随着流入的自然空气，营造出轻松的氛围，同时也使业主对住进这样一个具有热带地域特色的住宅的渴望变得更加强烈。

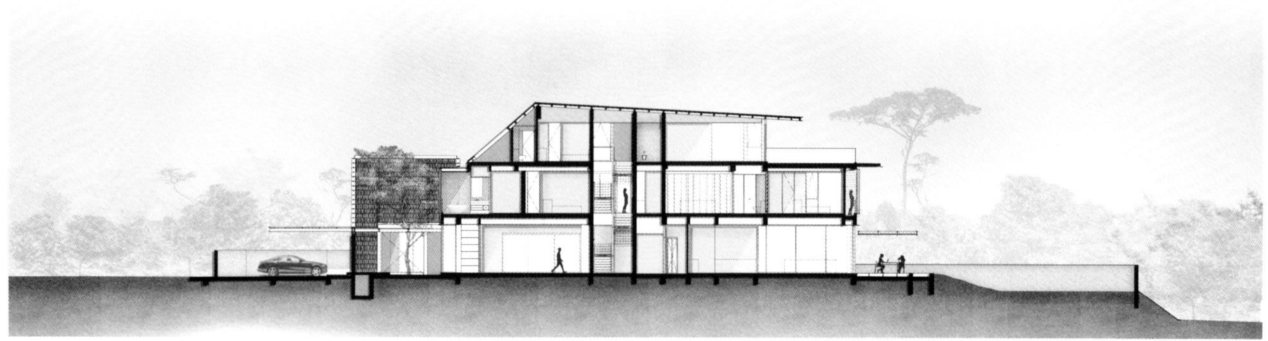

剖面图

三巴旺住宅

新加坡

M+A工作室

该项目位于新加坡三巴旺新镇，是一栋低调的住宅。这栋住宅有一个大型公共空间，即便是大雨倾盆，人们也可在此休闲娱乐。

业主想要一栋安静的住宅，孩子们可以在住宅内外跑来跑去，尽情玩耍。住宅没有正式的大门，人们通过滑动玻璃门进入住宅时，首先感受到的是一种轻松的氛围。当滑动玻璃门打开时，家庭成员可以从客厅或者餐厅直接进入户外露台空间，享受早晚的片刻清凉，孩子们也可以在树荫下玩耍。

这栋住宅的布局非常简单，住宅内设有一个大型开放中心，被一条桥式走廊包围。双层生活空间从横向和纵向将多个空间连接起来，促进家庭成员之间的互动。室内呈现了一种井然有序的现代感，而木质地面和固定装置则增添了温暖的触感，与前立面的木板相呼应。

整栋住宅是直接针对新加坡的热带气候设计的。大屋檐和遮阳篷可以遮挡阳光，带顶露台和甲板露台为家庭成员提供了可以躲避炎炎烈日或热带阵雨的户外空间。

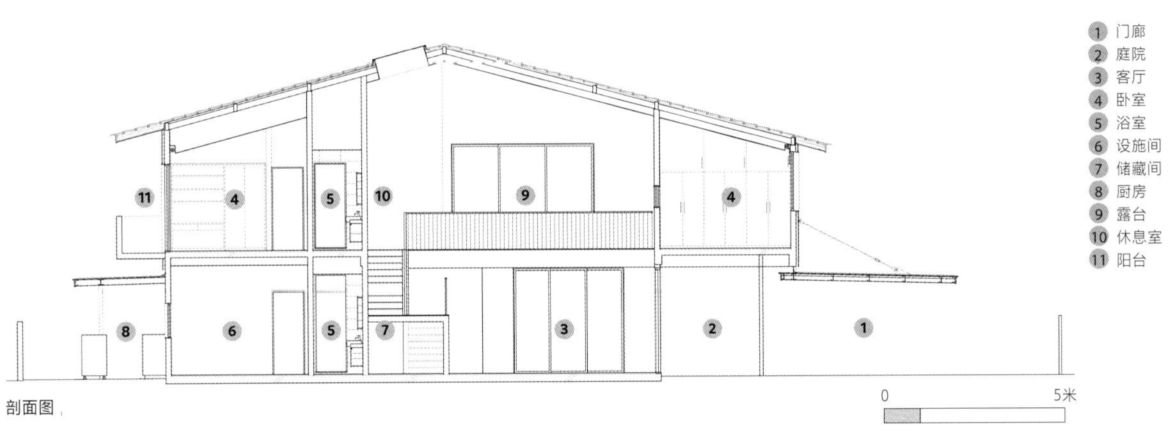

11
4
5
10
9
4
8
6
5
7
3
2
1
0
5米
1 门廊
2 庭院
3 客厅
4 卧室
5 浴室
6 设施间
7 储藏间
8 厨房
9 露台
10 休息室
11 阳台

剖面图

PAIR住宅

新加坡

LOOK建筑事务所

该项目面向一个繁忙的路口，位于一个拥有共享车道和绿色空间的相对紧凑的地块上，周围是一个成熟、普通的街区，建筑由两个体量、外观相同的房子组成，供一个多代同堂的大家庭居住。

简洁、内敛的设计为安静的家庭生活提供了背景环境，同时反映了业主对舒适、宁静的生活环境的渴望。私人生活空间展现为两个平行的金属包层体块，位于公共生活空间上方。紧凑的形式和清晰的结构对建筑所在的环境做出了回应。

住宅内部空间以合理的方式进行布局，良好的比例和舒适的生活空间使自然采光和通风效果最大化。大面积的木质屏风有助于进一步调节周围环境，提

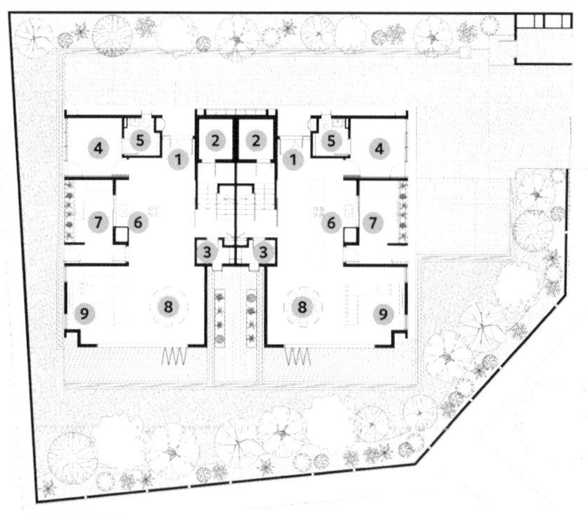

首层平面图

1 主入口
2 家用庇护间
3 化妆室
4 客房
5 客用浴室
6 干厨房
7 湿厨房
8 餐厅
9 客厅

供遮蔽、保护隐私，还能屏蔽主干道繁忙的交通带来的噪声和灰尘。材料的选择强化了住宅的表现形式，大量的木材给人一种温馨的感觉，调和了铝制包层的高冷基调。同时，木质包层和装饰混凝土也能反映岁月在建筑上留下的痕迹，记录下时间的流逝——这是一栋可以被几代人精心守护的房子。

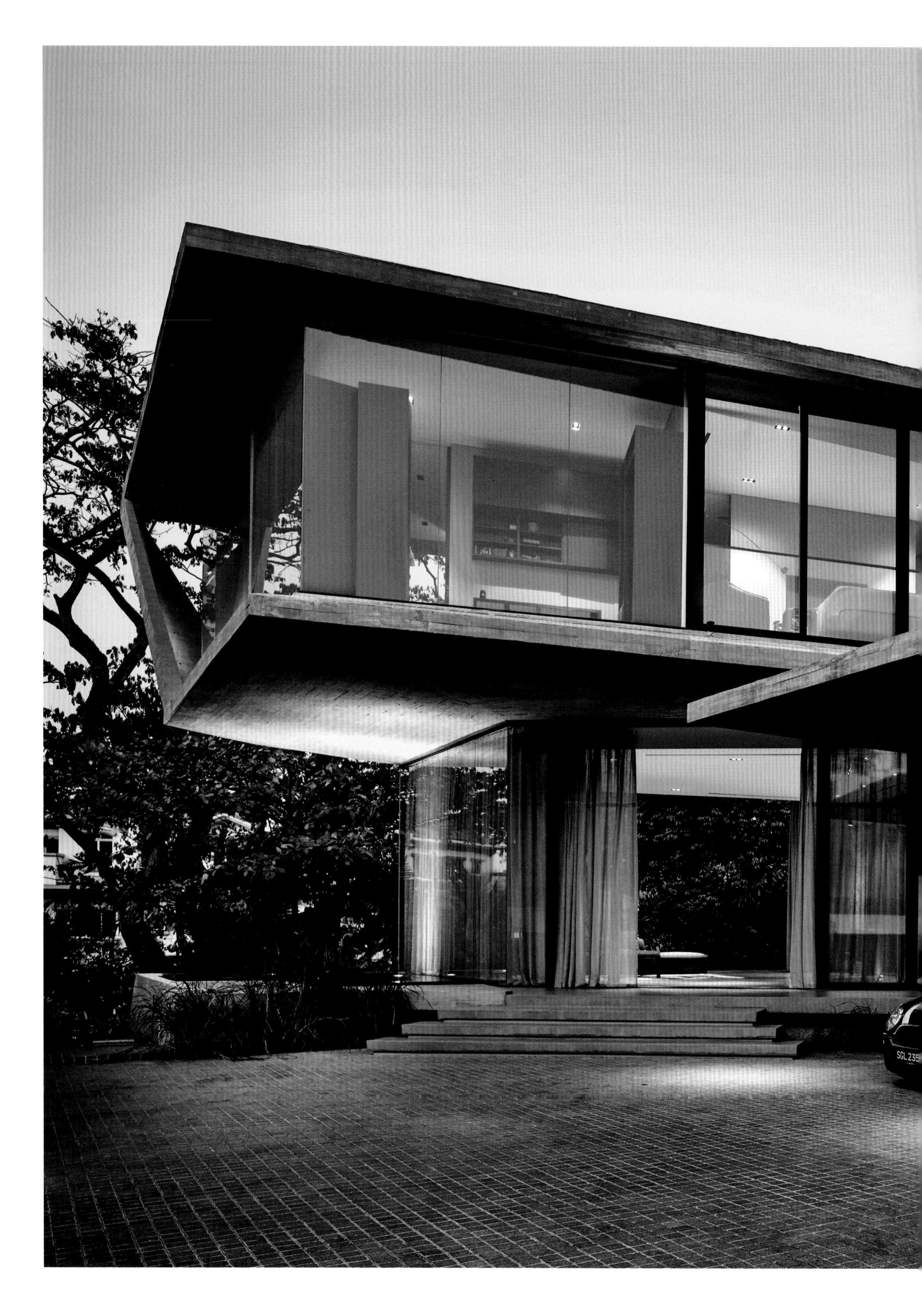

STARK住宅

新加坡

PARK+联合设计事务所

STARK住宅坐落在一个典型的新加坡住宅区内，从临街一侧转向住宅后身，那里的绿色植物提供了一处私密、青翠的庇护所。这完全符合业主的要求——业主想要的不只是一个方盒子或是一栋与街区融为一体的房子。

倾斜的场地和完美的位置可以让业主俯瞰到两棵大树。设计团队设置了一个泳池，并扩建了地下室，使这片区域变成家庭活动和户外娱乐的中心。当人们走近位于长长的车道尽头的房子时，呈现在他们面前的是一片绿色的景象，而不是一面白墙或者车库。设计旨在使新结构变得更透光、更开放，在展现后花园的景色，并允许阳光照进室内的同时，作为一种应对场地规模限制的方法和在视觉上增加区域深度的策略。开放式设计实现了有效的空气对流，在新加坡特有的气候条件下，这是非常重要的。

为了提供尽可能简单的设计，室内并没有太多装饰，只用一种简单的方式真实地表现了住宅的结构。虽然建筑师努力地对场地的环境做出关键性回应，但也有些许担心。令人高兴的是，新建筑获得了肯定的评价，人们认为新建筑令人耳目一新，使街区重获生机。

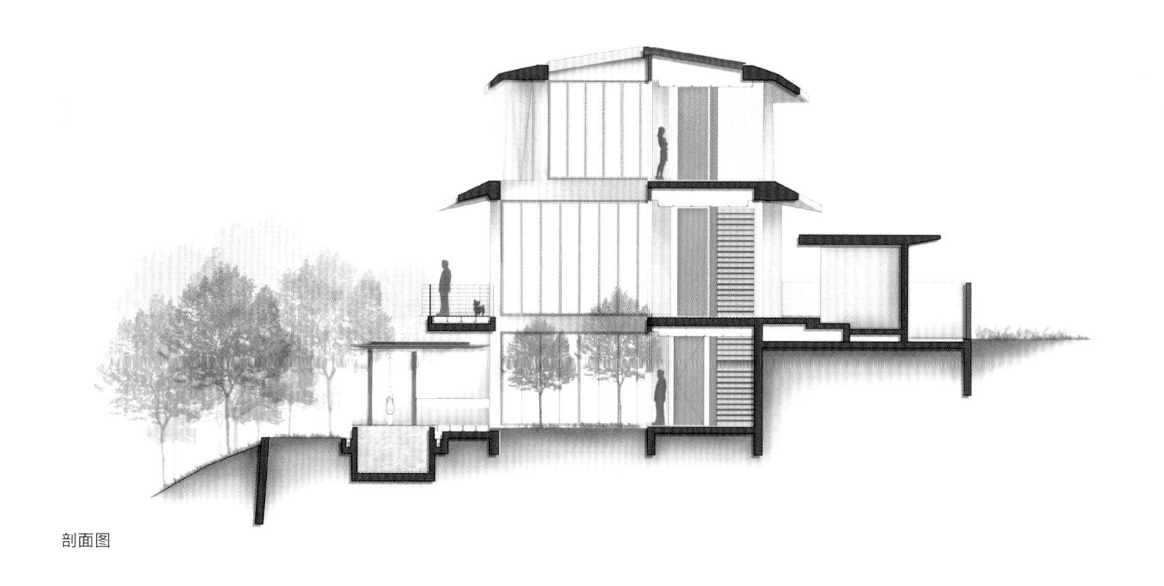

剖面图

713住宅

泰国，曼谷市
JUNSEKINO建筑设计事务所

当业主决定拆除原来的房屋并进行重建时，建筑师看到了一次重新开始的绝佳机会，他们可以建造一栋充分满足家庭需求，并可以应对湿热气候的新住宅。

在传统的泰国建筑中，中央公共区域是全家人聚集的地方。公共区域位于一层，私人的空间位于二层。庭院布局可以使住宅内部获得更好的通风效果，也可以使阳光照进昏暗的室内。在曼谷市这样一个不断扩张的城市，这似乎是一个大胆的举动：项目场地被一分为二，一半用来建造住宅，另一半用来打造景观。户外设有花园、锦鲤池和休闲平台，营造出一种宁静的氛围，证明了牺牲额外空间来营造与自然互动的环境这个决定是正确的。使用的材料使建筑与自然之间的关系得以相融。例如，玻璃有助于进一步消除外部和内部之间的界限；木

质屏风和金属网立面为内部空间保留了一定的私密性，同时还可以看到外面的景象。内部还提供了一处有遮阴功能的庇护结构——巨大的挑檐既可遮阴，又可挡雨。

当业主和家人搬进这个全新的空间，并团聚在一起共度美好时光时，他们也对能与户外和自然如此亲近感到满心欢喜。新住宅内部还让人有一种怀旧的感觉，设计团队对一些原有房屋的木材进行再利用，例如，地板的铺装和楼梯的饰面不仅节约了成本，还建立了与过去的有形联系。

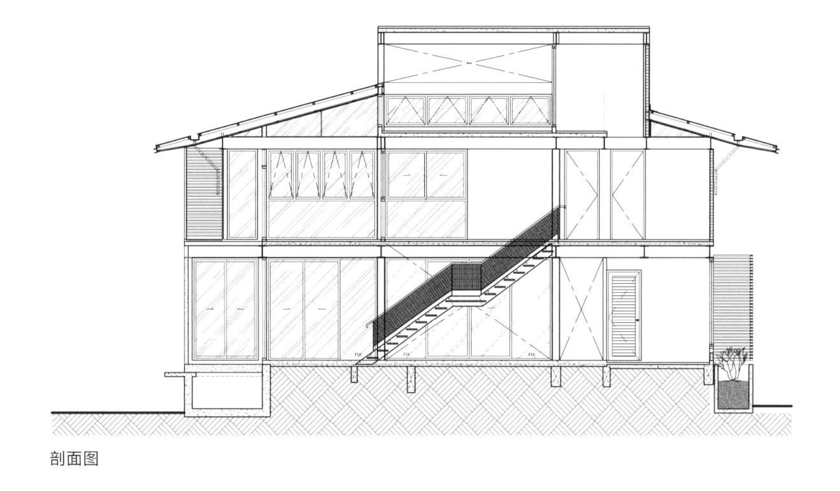

剖面图

横向住宅

泰国，考艾镇

AYUTT联合设计事务所

这个现代奢华的度假别墅位于一个被郁郁葱葱的热带森林和山脉包围的斜坡之上，地理位置十分优越。业主要求设计团队设计一个梦想中的度假别墅，并提出了很多具体的要求，包括设计一个大型的私人画廊，要有足够的空间在整栋房子内展示其他艺术作品，还要有宽敞的车库。设计受到了封闭式住宅区规则的限制——所有房屋要有相似的外观，还有尺寸的限制。在这些限制条件下，设计团队设计出了一栋现代、宽敞的住宅，从里面的每个房间都能欣赏到山脉的景色。

生活区位于一楼，从这里可以进入花园、大露台和泳池，出于保护隐私和安全的考虑，设计团队将卧室设置在二楼。

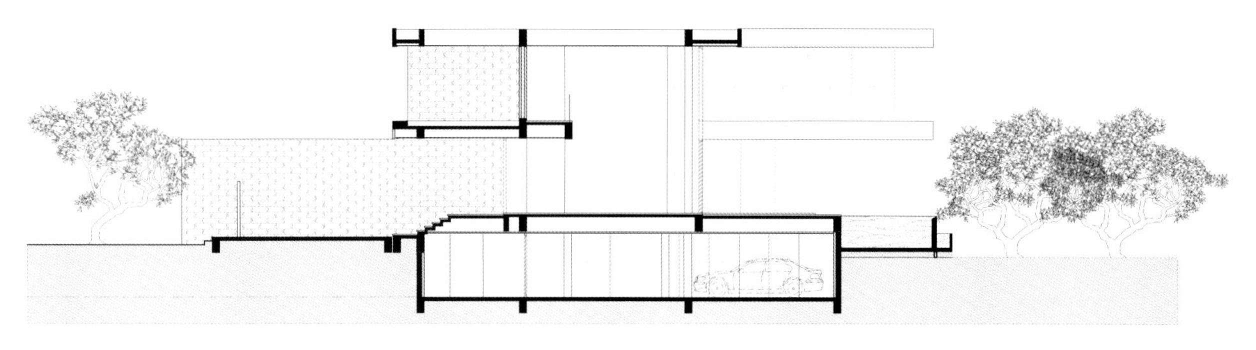

横剖面

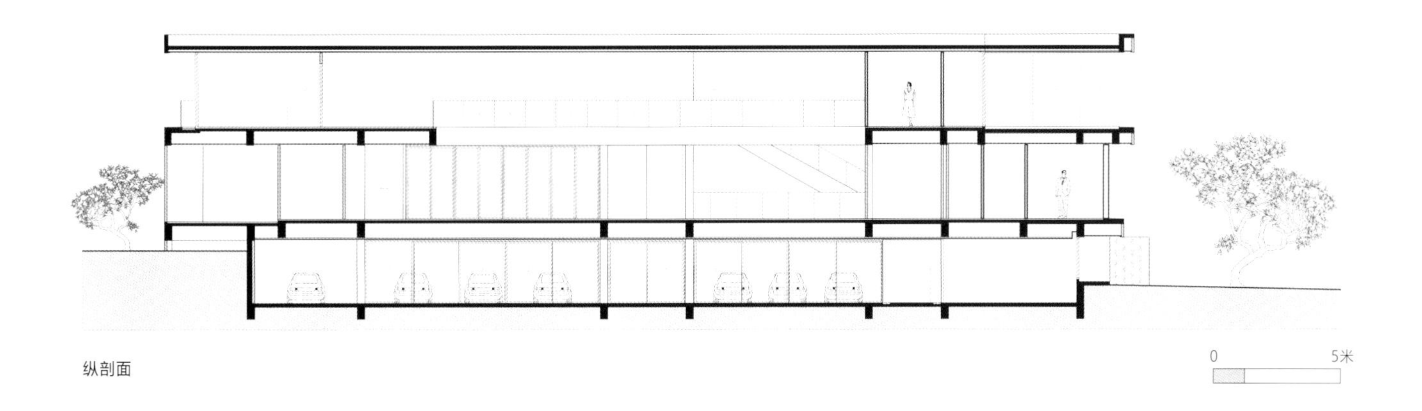

纵剖面

地下室可以充当娱乐室，这里有充足的自然采光。别墅内设置了私人画廊，以摆放业主那些令人印象深刻的艺术作品，而连接内部空间的通道则是私人画廊的延伸。大型车库实现了自然通风，还设置了升降机。

宽大的玻璃将自然光线引入室内，大而透明的滑动隔板和高高的天花板有助于通风，在潮湿的环境中保持室内空间的凉爽。大型檐篷的设计从传统泰式建筑中汲取灵感。悬臂板可以使室内免受阳光直射，有助于提高房屋的能源使用效率。

这是一栋宽敞、豪华的度假别墅，拥有明亮的内部空间，还可以为居住在里面的人提供阴凉，以抵挡酷日。

K.POR住宅

泰国，乌汶府

SUTE建筑事务所

ADVANCED
ADVANCED TANK

这栋引人注目的建筑坐落在一片田野的中央，位置相当普通，但其视觉效果远好于实际情况。设计团队选择了U形布局，从而实现空气在不同区域之间自由流通。另外，建筑两翼的遮阴结构不仅有降温的作用，也为住户提供了一个舒适的私人空间。

这栋家庭住宅共有三间卧室，四周是开阔的田野。客厅大而宽敞，给人一种宁静的感觉。房子后面有一个门廊，晚上一家人可以聚在一起，坐下来欣赏稻田的景色。后院的阴凉使这里成为一处令人放松的空间。走廊也采用了开放式设计，可以将新鲜的空气引入住宅内部，让室内空气流动起来。整个住宅用钢结构建造而成，节省时间和劳动力，最终以现代风格呈现出来，但仍与周围环境保持和谐的关系。

因此，K.POR住宅的亮点是将农业环境中的住宅建筑转变为更时尚、更现代的建筑。

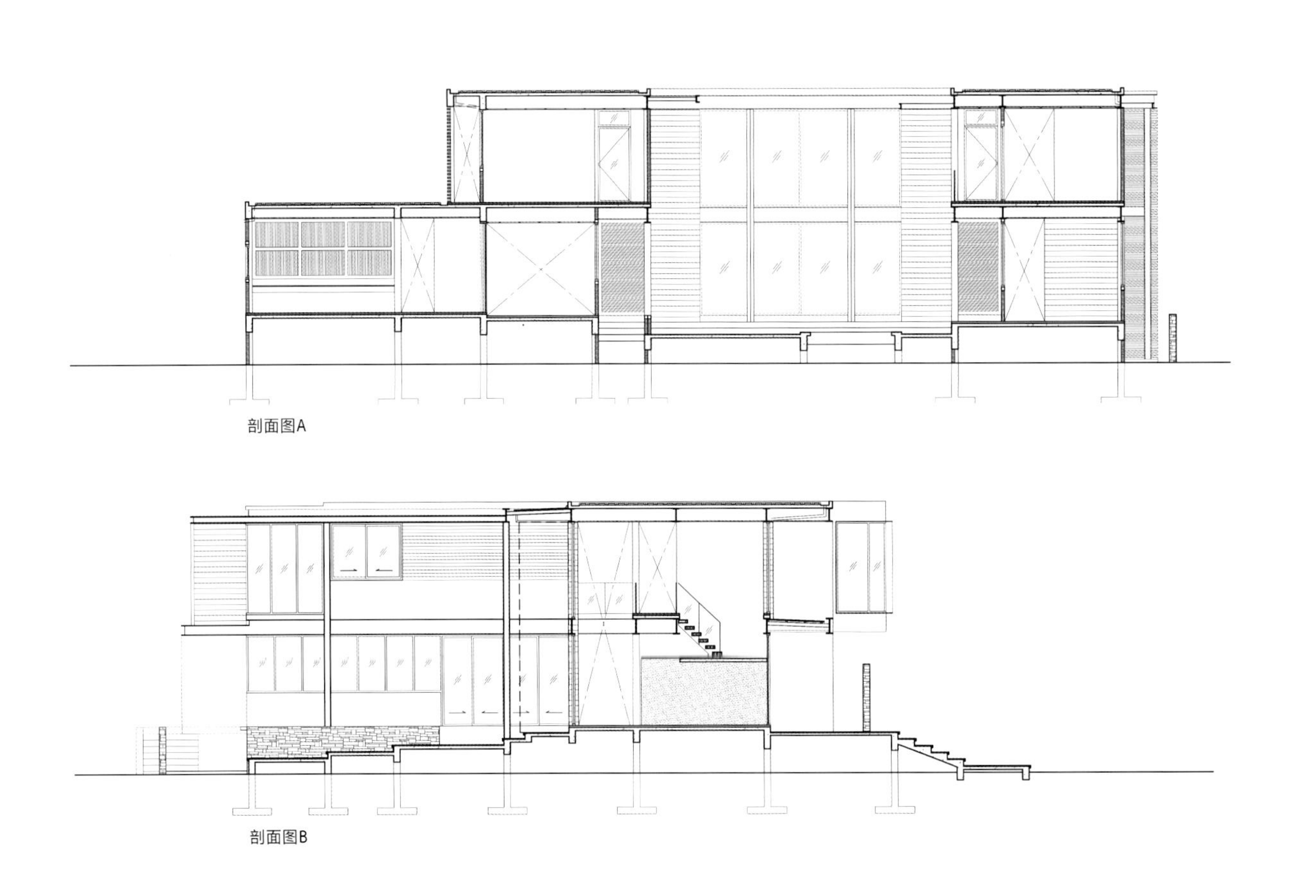

剖面图A

剖面图B

PA住宅

泰国，曼谷市
IDIN建筑事务所

PA住宅有着朴素而迷人的临街立面，它完全满足了业主对保护个人隐私的需要。

这栋住宅是为一对夫妇设计的，设计时也考虑到了未来养育孩子及来访亲友的需要。业主想要一个大型公共区供起居、用餐及招待朋友使用。

出于对住户隐私方面的考虑，设计团队认真考虑了窗户和墙壁的位置，遮挡由外向内的视野，同时打开由内向外的视野。保护业主隐私是重要的前提，同时还要保证住宅的宽敞性和开放性。业主不仅可以在主要公共区进行娱乐和社交活动，还能在此享用晚餐、游泳或欣赏花园美景。墙面

故意设计成“飘浮”在住宅周围的样子，起到遮挡阳光的作用。

最终，一栋现代、开放的住宅呈现在业主面前，其规划策略缓和了对外部景观的影响，同时创造了一个可以娱乐和放松的空间。在这个案例中，PA代表了“隐私保证”（Privacy Assured）。

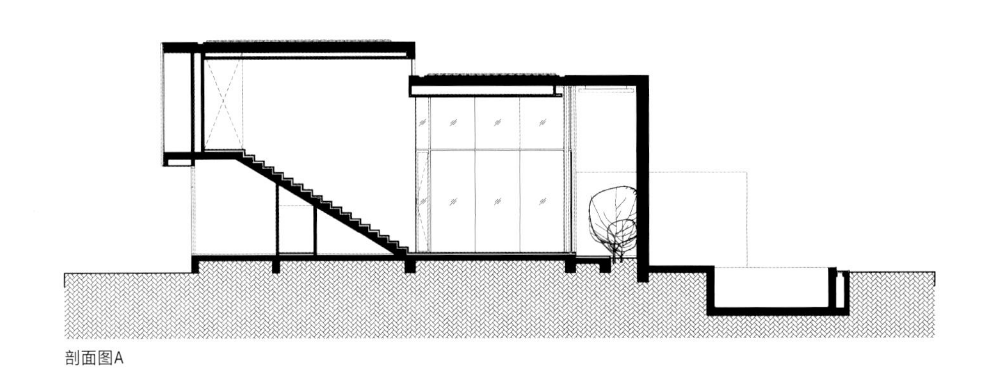

剖面图A

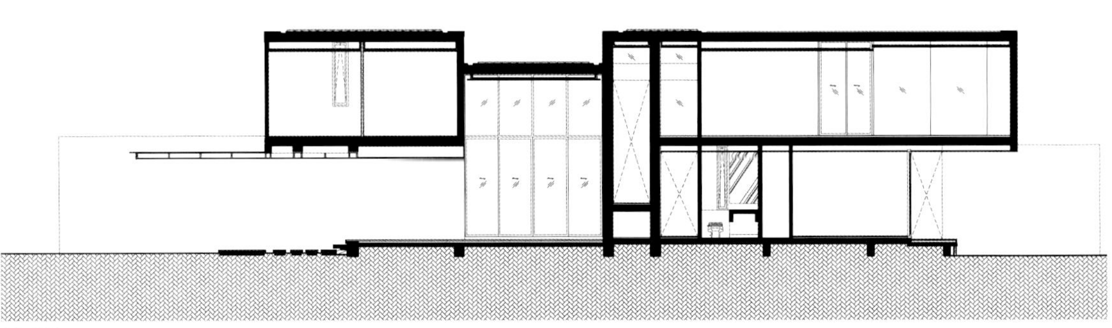

剖面图B

REGEN住宅

泰国，曼谷市

EKAR设计事务所

家庭在泰国文化中非常重要。在历史上，泰国人一直生活在由几代人组成的大家庭里。这种居住模式对泰式住宅设计有很大的影响。

现代生活方式的改变给泰国家庭带来了麻烦，土地价格上涨迫使人们搬进离工作地点较近的小公寓。业主买下了父母房子旁边的土地。在这个项目中，建筑师回答了这样一个问题：是否有可能在现代环境中建造一栋在舒适度上可以与泰式传统住宅相媲美的房子。

该建筑遵循传统的泰式风格：所有居住空间都位于上层，底层用作仓库和停车场。二楼对公共区进行了现代诠释，为数代同堂的大家庭提供聚会的空间。

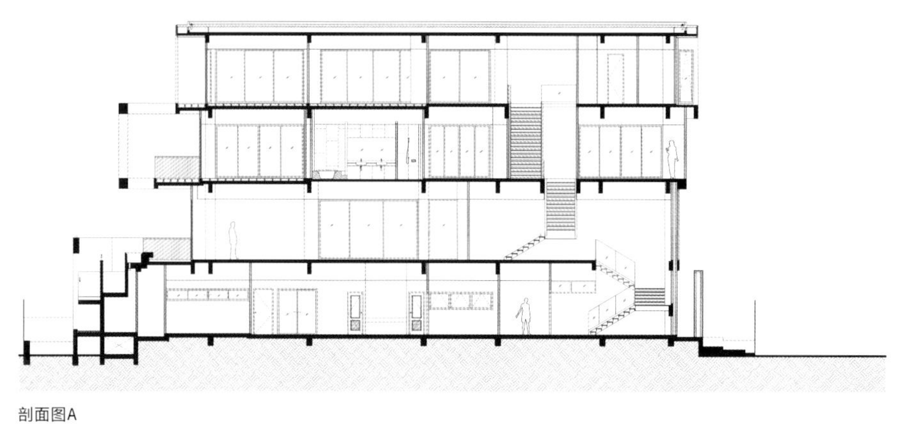

剖面图A

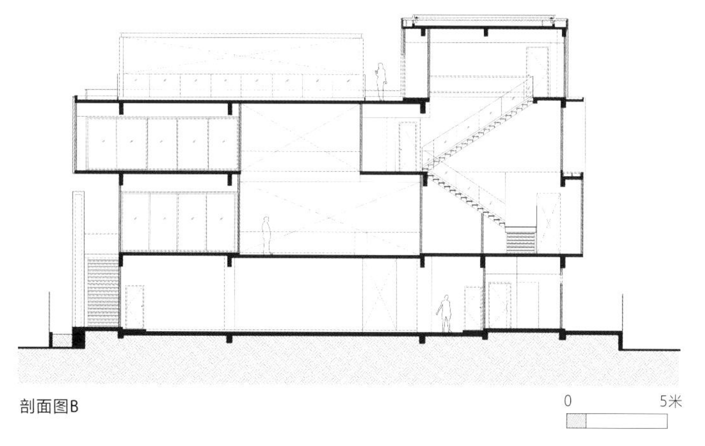

剖面图B

建筑师将娱乐室和带有泳池的大露台设在二楼，业主可以从这里看到他父母的房子。另外，木质落地窗打开时可以保持通风，关闭时可以保护内部隐私。房子本身美观又宽敞，采用了现代、开放的设计。业主住在二楼，而三楼则保留下来，以备女儿成家后与其家人使用。

露台住宅

越南，胡志明市

MM++建筑事务所

这栋现代住宅位于一个人口稠密的住宅区内，是为一对有两个孩子的年轻夫妇设计的。这栋房屋充分利用场地特点，围绕内部露台进行布置。

房子是朝西的，安装了自动遮阳百叶窗，可以调节从露台大窗户射入的阳光，以保持室内凉爽。一层略高于街面，以防止路人从外面看到室内的景象。正面用围墙进行遮挡，将房子与繁忙的街道分隔开来。屋顶的悬垂部分使房子正面免受阳光的直射。玻璃与可开启的天窗相结合，使气流得以从下方空间通过。

在一层，天井为中央植物池中的热带树木带来了充足的阳光。这个植物池成为开放空间的焦点，将厨

房和餐厅与客厅分隔开来。后面的主卧室安装了通往后院的大扇滑动门，使空间看起来更大，而浴室则为半开放式。在二层，露台再次将开放空间、两间卧室和可以看到城市全景的大阳台分隔开来。大扇滑动门允许住户最大限度地打开空间，甚至是卧室。

在整个设计过程中，太阳的位置、热带气候和周围环境都被考虑在内，最终完工的房子可以让业主在密集的城市环境中过上舒适、轻松的生活。

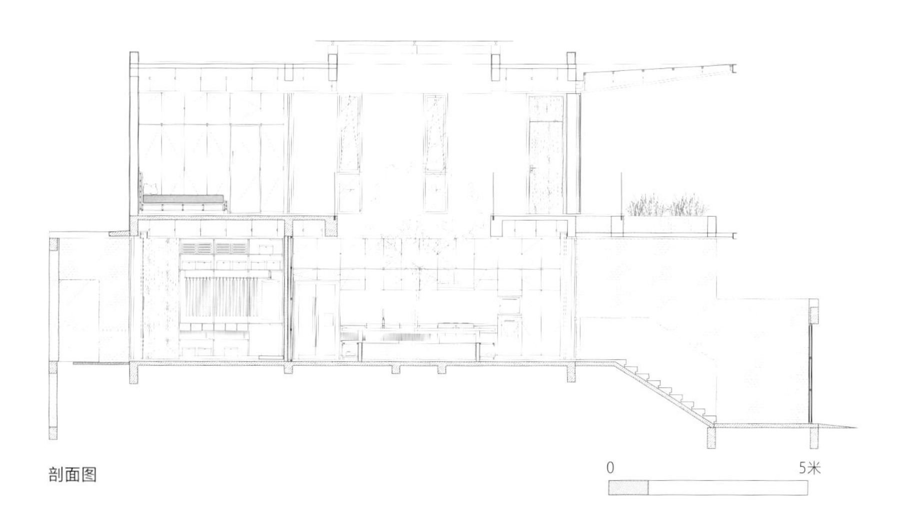

剖面图

堆叠的植物池住宅

越南，胡志明市

武重义建筑事务所（VO TRONG NGHIA ARCHITECTS）

城市化进程的加速意味着越南的很多城市正在失去它们的绿色空间，因为房屋所有者总是设法以牺牲绿色空间为代价来使生活空间最大化。为了应对一些负面影响，如空气污染，武重义建筑事务所开发了一系列名为“树屋”的项目，通过将树木融入住宅设计，使绿色空间重返高密度住宅区。为此，堆叠的植物池住宅力求让绿色植物回归社区，并建立起人类与自然的牢固关系。

这栋住宅位于一片规划良好的城区内，是为一户典型的三代之家设计的。房子似乎是用随机堆叠的“混凝土盒子”建造的，每个“盒子”都有各自的功能，为家庭成员提供属于自己的私人空间。半露天式空间充当了客厅和餐厅，家庭成员可以在这里相聚。抛光的混凝土地面可以降低温度，而玻璃隔板可以打开，让凉风吹进来，有助于通风。

建筑师将树木和绿色植物栽种到特定的位置，并将更多的绿色植物放到屋顶露台上。设计团队希望每一栋拥有大量植物的私人住宅都能成为高密度住宅区内的“小公园”，扩大树冠覆盖面，以解决空气污染问题。

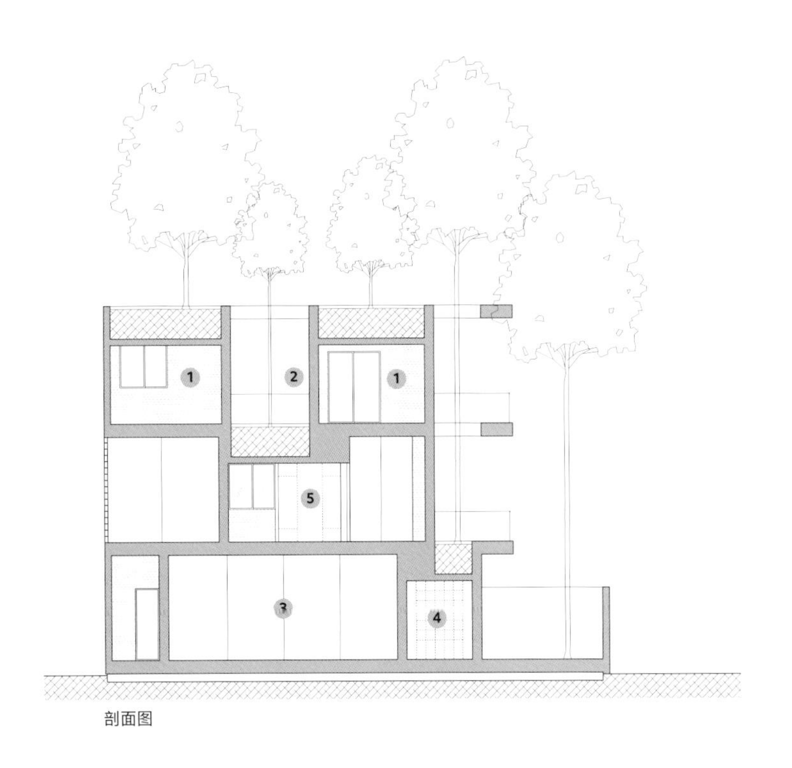

剖面图

TIMBER度假屋

越南，芽庄市
MM++建筑事务所

TIMBER度假屋位于越南东南海岸的海滨城市芽庄市，地理位置优越。场地位于山体之上，拥有独特的海景视野，可以俯瞰海湾和山脉。

建筑师决定在优化观景体验的同时，对这个住宅区的高密度建筑进行管理，以使海景不会被未来的高层建筑遮挡。建筑师还意识到度假屋（特别是出租类度假屋）与普通住宅在用途上的区别：度假屋的目标是使接待能力和娱乐体验最大化。

为了获得足够的高度以欣赏到壮阔的海景，建筑师将房子建在一个大型平台上。住宅呈垂直分布，从后方的悬崖一直延伸到下方的街道。

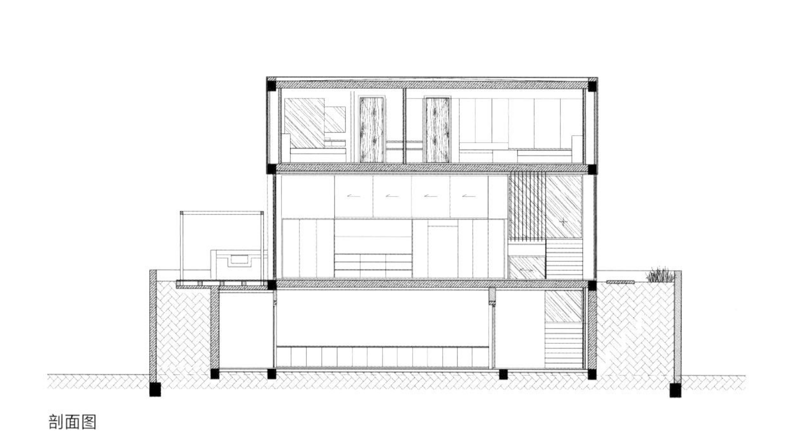

剖面图

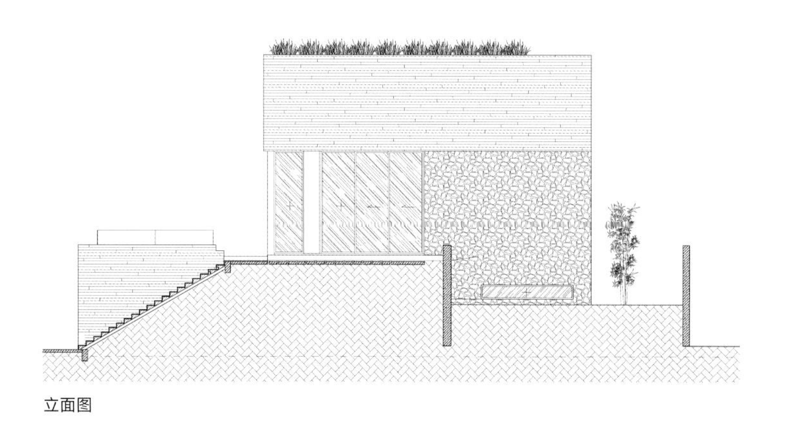

立面图

房子本身由两个主要元素组成，立面前部安装了玻璃，后面采用石材覆面，还有一个安装有大扇百叶窗的木质结构。泳池是一个额外探出的部分，高于平台，采用三面溢流排水的方式。它建立了房子与海景的直接视觉联系，减少了附近建筑带来的视觉影响。

设计师用当地石材打造的体块将建筑与周围多岩石的环境联系起来，并用柚木木板贴面将一层整个体块包裹起来，强化了“悬浮”效果。

项目信息

临海T宅　4~13
META-工作室
meta-project.org
摄影：Song Yu Ming, Hiromatsu Misae / Ruijing Photography

CCHAVI 住宅　15~21
ABRAHAM JOHN建筑事务所
abrahamjohnarchitects.com
摄影：Alan Abraham

裂开的住宅　23~31
ANAGRAM建筑事务所
anagramarchitects.com
摄影：André Jeanpierre Fanthome, Suryan//Dang

秘密花园　33~39
SPASM设计公司
spasmindia.com
摄影：Photographix India, Sebastian & Ira, Umang Shah, Edmund Sumner

影子住宅　41~47
SAMIRA RATHOD设计公司
srda.co
摄影：Niveditaa Gupta

DL住宅　48~55
DP+HS建筑事务所
dphsarchitects.com
摄影：Don Pieto

空中别墅　56~61
TWS & PARTNERS建筑公司
twspartners.com
摄影：Fernando Gomulya

ROEMAH KAMPOENG住宅　62~67
PAULUS SETYABUDI建筑与规划事务所
paulussetyabudi-architect.com
摄影：Sonny Sandjaja

清水别墅　69~75
SESHIMO建筑事务所，PETER HAHN联合事务所
seshimos.com
摄影：Junji Kojima, Aaron Jamieson

四叶别墅　77~83
KIAS事务所
kias.co.jp
摄影：Norihito Yamauchi

明石住宅　84~89
ARBOL设计事务所
arbol-design.com
摄影：Yasunori Shimomura

N10别墅　90~95
MASAHIKO SATO建筑事务所
architect-show.com
摄影：Ikuma Satoshi

宁静之家　97~103
FORM/KOUICHI KIMURA建筑事务所
form-kimura.com
摄影：Norihito Yamauchi, Yoshihiro Asada

C住宅　104~111
DESIGN COLLECTIVE建筑事务所
dca.com.my
摄影：Creative Clicks

回廊住宅　112~121
FORMWERKZ建筑事务所
formwerkz.com
摄影：Fabian Ong

FUGUE 住宅　122~129
FABIAN TAN 建筑事务所
fabian-tan.com
摄影：Simon Koh

SS3住宅　131~137
SESHAN设计事务所
摄影：Rupajiwa Studio

窗屋　138~143
FORMZERO建筑事务所
formzero.net
摄影：Ronson Lee (Twins Photography)

图书在版编目（CIP）数据

亚洲新住宅 / (新加坡) 特伦斯·谭 (Terence Tan) 编；潘潇潇译. — 桂林：广西师范大学出版社，2020.6
ISBN 978-7-5598-2763-0

Ⅰ. ①亚… Ⅱ. ①特… ②潘… Ⅲ. ①住宅-建筑设计-作品集-亚洲
Ⅳ. ① TU241

中国版本图书馆 CIP 数据核字 (2020) 第 053591 号

责任编辑：季　慧
助理编辑：杨子玉
装帧设计：吴　迪

广西师范大学出版社出版发行
（广西桂林市五里店路 9 号　　邮政编码：541004
网址：http://www.bbtpress.com）
出版人：黄轩庄
全国新华书店经销
销售热线：021-65200318　021-31260822-898
恒美印务（广州）有限公司印刷
（广州市南沙区环市大道南路 334 号　邮政编码：511458）
开本：889mm × 1 194mm　　1/16
印张：16　　字数：160 千字
2020 年 6 月第 1 版　　2020 年 6 月第 1 次印刷
定价：288.00 元